U0175355

梁松柏 著

网络综合治理研究

WANGLUO ZONGHE ZHILI YANJIU

人民出版社

前　　言

　　2013 年 11 月,中国共产党第十八届中央委员会第三次全体会议审议并通过了《中共中央关于全面深化改革若干重大问题的决定》,首次提出推进国家治理体系和治理能力现代化。网络综合治理能力是构成国家治理能力的重要部分,也是体现国家治理体系和治理能力现代化的重要标志之一。

　　信息时代,网络为社会发展提供了巨大的推动力,也与人们的衣、食、住、行实现了深度融合,社会生产生活与网络的联系越来越密切,对网络的依赖程度越来越高。互联网正以其具有的巨大能量改变着全世界。中国从 1994 年全面接入国际互联网,经过近 30 年的发展,已跻身世界网络大国的行列,正在向网络强国迈进。互联网相关技术的进步不断推动网络社会快速发展,因此,必须尽快建立与之匹配的网络综合治理体系,提升网络治理能力,这是当前网络社会发展的迫切要求。

　　我国的网民总量多,规模相当庞大。一些网络用户在网上的

1

各种不规范和不文明行为可能会引发不可预测的问题和矛盾,这些问题和矛盾如不能及时解决,便可能引发网络舆情,对于网络安全和社会秩序都会产生不良影响,因此需要树立正确的网络观,形成健康向上的网络文化。同时,网络中的黑客攻击、信息泄露、侵权、诽谤、诈骗、涉黄、涉赌等网络违法犯罪行为屡见不鲜,网络诚信问题也比较突出。2022 年 8 月 29 日,中国网络文明大会网络诚信建设高峰论坛发布的《中国网络诚信发展报告 2022》提到我国网络诚信建设整体状况持续向好,为网络强国、数字中国、智慧社会建设不断夯实发展基石。但是,随着互联网新技术新模式新业态不断发展应用,我国网络诚信建设也面临一些新挑战,主要表现在算法滥用、网络诈骗、不当竞争、网络"饭圈"乱象频发以及直播领域良莠不齐等方面,要达到网络治理预期效果需要多措并举持续发力,实现综合治理。

网络治理是一项综合性的系统工程,要解决好当前网络治理中出现的各种问题,需要相关部门积极推进网络综合治理体系建设,形成以法治化为基础,建立由党委领导、政府主导、有关部门配合、全体网民共同参与的协同共治的网络治理体系,努力营造清朗的网络空间,不断提升网络空间的安全性,确保广大网民能真正享受到网络发展带来的获得感、幸福感、安全感。

目　　录

·

第一章　网络与网络治理

第一节　网络概述

一、网络及网络空间的概念

(一)网络的概念

目前,学术界还没有对"网络"的概念给出统一的定义。英文"network"通常指的是物理形态的网络。最早出现的"计算机网络"指的是把多个计算机连接起来形成的网络,主要用于数据交换与数据传输。当前,能够通过网络连接起来的终端已经非常多样化,除了计算机之外,还包括数字电视、智能手机、平板电脑等多种终端设备。网络的功能也更加强大,除了支持数据传输之外,还能提供信息收集、保存、处理、整合等多种功能。我国的《网络安全法》中对于"网络"的定义是:"由计算机或者其他信息终端及相关设备组成的按照一定的规则和程序对信息进行收集、存储、传输、交换、处理的系统。"这也是从网络的物理形态出发所作的概念界定。

不同类型的网络相连,便组成了一个更大、更复杂的网络。依据网络的功能,可将其分为三种类型:局域网、城域网、骨干网。局域网指的是在较小区域当中(某栋大楼的内部、某一公司内部)将若干台计算机实现互联,这些计算机之间可以实现信息传输和文献资料共享;城域网指的是将整个城市中的计算机连接起来所形成的网络;各个城市之间的计算机相连接所构成的网络就是骨干网。通常骨干网是经过国家网络安全部门批准的,能够与外网直接相连的互联网。通过定义可以看出,骨干网通常为广域网,其覆盖范围较为广泛,一般覆盖几千米甚至几千千米。因特网是一个全球性的网络,覆盖范围最广。一般骨干网是通过多种协议和传输方式组合而成的。随着计算机技术及各类信息技术的不断发展,网络的功能会更加强大。

依据网络的实际用途分类,将其分为互联网、物联网、电信网、移动互联网、广电网以及工业互联网。

互联网也被称为因特网,1969年在美国诞生。互联网是由广域网、局域网和独立的计算机根据一定的网络协议共同构成的国际互联网。

物联网是实现物物相连的一种互联网,它是新型计算机技术重要的构成部分,是信息化时代一个重要的发展阶段。

电信网是通过分布在不同位置的通信线路、传输设备、信息交换设备以及用户通信设备相连接构成的,是由指定的通信软件提供平台支持来实现信息传输与交换的网络系统。

移动互联网是将移动通信与互联网相结合,通过互联网相关技术、平台以及商业模式等与移动通信技术实现合并而开展网络化实践活动的总称。广电网的全称是广播电视网络,通常是由各地的有线电视网络台(公司)运营,通过 HFC 网为广大用户提供有线电视节目、交互式的网络电视以及宽带服务,利用 Cable Modem 与计算机实现连接的一种网络。

工业互联网是全球的工业系统和高级计算、数据分析技术、遥感技术、互联网相融合的结果,它利用智能化机器的连接来实现人机连接,利用计算机软件与大数据分析,对全球工业实现重构,全面激发工业生产力,使世界工业朝着更好、更快、更环保、更经济的方向发展。

(二)网络空间的概念

学术界对于"网络空间"有多种定义,目前尚没有形成统一的概念,下面笔者列举几个具有代表性的。

《牛津英语词典》中对网络空间的定义是:一种虚拟现实空间,是进行电子化通信(尤其是利用因特网)的虚拟环境。

2008 年,《美国国家安全总统令 54 号(国土安全总统令 23 号)》是这样定义"网络空间"这一概念的:相互依存的信息技术基础设施,主要包括互联网、计算机系统、电信网及关键行业当中的嵌入式控制器与处理器。该词还经常用于指代支持人们通过信息技术实现互动的一种虚拟环境。

《加拿大网络安全战略》对网络空间的定义:网络空间为互联信息技术网络机器中包含的各类信息所构成的电子环境。这是一个全球性的公共领域,把全世界的人连接在一起,使其实现交流,并通过网络获取服务、建立联系。

《德国网络安全战略》对网络空间是这样定义的:网络空间是由全球数据层相连接的全部 IT 系统共同组成的一个虚拟空间。因特网的普遍性、公开性为网络空间的形成提供了基础,这一网络空间会随着数据网络的补充和增加而持续扩大。虚拟空间中孤立的 IT 系统并不是网络空间的构成部分。

《法国信息系统防卫和安全战略》这样阐释网络空间的概念:是由全球互联的数据自动化处理设备所构成的网络通信空间。

《新西兰网络安全战略》给网络空间所下定义是:由彼此依赖的信息技术基础设施、通信网络以及计算机软件处理系统共同组成的在线实时通信的全球网络。

《英国网络安全战略》中对"网络空间"这一概念的解释:网络空间是由数字网络构成的信息交互领域,主要功能是信息储存、修改与交流。它涵盖因特网,也包括支撑商业、网络设施及服务的其他信息系统。

国际标准化组织在《信息技术—安全技术—网络安全指南》(ISO/IEC 27032:2012)当中给"网络空间"下的定义是:通过连入因特网的技术设备及网络,由网络服务、软件以及人们的互动形成的无具体物理形态的一种合成环境。

通过以上对于"网络空间"①的定义可以发现,与"网络"相比,"网络空间"加入了"人的互动""虚拟环境"等因素,最关键的是认可了网络空间具有与现实空间相同的功能,支持人们进行互动与交往,强调网络具有社会属性。综合以上几条定义,可将网络空间总结为由互相连通的网络及设备依据指定程序和规则组成的,可实现信息收集、处理、存储、交换与传输等功能,支持人们互动交流的电子虚拟空间。

二、网络空间的构成及特点

(一)网络空间的构成

网络空间是由网络设备、软件与协议、信息、网络主体、网络行为等共同构成的。

1. 网络设备

网络空间是计算机、路由器、智能终端、交换机以及缆线等多种硬件设备在联网状态下组成的电子化空间,而这些硬件设备构成了网络空间的物理层面。由于互联网的不断发展以及智能化移动终端(平板电脑、智能手机)的全面普及,越来越多的设备可以随时随地联网,进而实现信息传输和共享。这些设备也就成了网

---

① 翟贤军、杨燕南、李大光:《网络空间安全战略问题研究》,人民出版社2018年版,第12页。

络空间中的一部分。从广义来说,放置网络设备的建筑以及相关设施也是组成网络空间一部分。

2. 软件与协议

计算机和传输设备需要借助软件及协议才能实现信息处理与传输。如果没有软件、协议提供帮助,计算机以及传输设备就无法成为网络空间的构成部分,也就无法进行数据处理、传输与交换的活动。

软件是按照特定的顺序组织起来的一系列计算机数据及指令构成的集合。软件一般分为应用软件和系统软件。应用软件指专门用来解决应用中出现的各类问题的软件,包括文字处理类软件、游戏软件、信息检索软件、网络通信类软件以及音视频播放软件等。系统软件指的是为有效使用计算机系统,支持应用软件的开发和运行,或为用户使用和管理计算机等提供方便的软件,主要包括基本的输入与输出系统、操作系统、语言处理系统等。软件并非只包括可在计算机中运行的各种程序,还包括同这些计算机程序密切相关的各种文档。

网络协议指的是为在计算机网络当中实现数据交换而建立的各种标准、约定与规则的集合。构成网络协议的要素主要有三类:①语义。主要用来解释各类控制信息中每部分的具体意义。它规定了发出的控制信息、完成的具体动作及作出的响应。②语法。语法是用户数据及控制信息的格式、结构及数据出现的具体顺序。③时序。对于事件发生的顺序作的说明。这三项要素具体可描述为:语义代表要做的内容,语法代表做的具体方法,时序代表做的先后顺序。

3. 信息

广义上的信息指的是人类社会中传播的所有内容。人类通过获得和识别不同的信息来区别各类事物,在此基础上认识并改造世界。信息论的奠基者克劳德·香农提出:"信息是用以消除随机、不确定的东西。"我国工信部原副部长杨学山则认为:"信息指一切客观存在的东西,它包括含义、载体及外壳三项要素。"信息载体、外壳构成了"形",含义是信息的具体内涵。例如承载信息的纸张、硬盘等是形,而语言、文字、图表是信息的外壳。计算机网络中的信息主要指网络中传输的电子信号。网络最重要的作用是实现信息的处理、储存与传输。因此,通过网络设备实现信息交互是网络空间一项基本的功能。网络中的信息主要是以电子数据的形态呈现的。

4. 网络主体

网络空间中涉及的主体相当广泛,包括网络的建设人员、运营人员、服务的提供者、监督管理人员以及网络用户等。其中,服务提供者与用户是最为重要的。网络服务的提供者负责提供各类软硬件或信息供用户使用。网络服务提供者有狭义和广义之分:狭义的服务提供者是指为用户提供平台服务和信息渠道;而广义的服务提供者则是指向用户提供其所需的各种信息内容。狭义的网络服务提供者又进一步细分为网络接入服务提供者、网络空间(博客、BBS、服务器出租等)提供者、搜索引擎服务提供者、传输通道类服务提供者(电信运营商)

以及云服务提供者等。而网络用户是指接受互联网提供的服务的人。网络运营要想获得效益,需要依靠吸引大众的注意力,获得点击量。如果没有一定规模的用户,网络很难实现商业化发展。

5. 网络行为

网络空间的主要特点就是虚拟性,人们通过网络行为和其他的主体产生联系,实现人与人的互动、人与计算机之间的互动。网络行为分为信息行为与技术行为。网络中的信息行为的活动对象是信息,如访问并浏览网页中的信息、上传和下载信息、点击播放网络中的音视频、发送或接收电子邮件、篡改或窃取信息、入侵并破坏网络中的信息系统等。技术行为包括网络技术的开发与维护、程序升级等。正因有各种各样的人在网络环境中开展活动,网络社会才能形成。

(二)网络空间的特点

由于通信技术的不断进步、网络的日渐普及,网络空间表现出了现实性、虚拟性与社会性等特点。

1. 现实性

互联网是各国的政府、社会组织及私人网络设施通过互联所构成的向公众开放的设施。网络空间实际上是由机器构成的一种人为制造的空间。互联网空间中的网络设施包括计算机、路由器、交换机、光纤电缆、无线装置以及卫星等。这些构成部分都是具有各自功能的实物,并非虚拟的。网络最基本的功能就是处理与交换信息。网络中的信息也是实际存在的,并不是虚拟的,只是计算机代替了纸张作为承载信息的媒介。组织或个体都可以利用网络分享信息、实现互动,现实空间与网络空间在某种意义上已经融合了,成了一种新形态的现实空间。

2. 虚拟性

网络空间是电子空间,空间中的物体是由计算机代码组成的,利用计算机的虚拟化功能呈现出信息形态;人的实体无法在网络空间中出入,只能通过身份代码或虚拟形象代表自身出现在网络空间当中。因此,从物理的角度来讲,网络空间具有虚拟性。

3. 社会性

用户、网站、网页都是构成互联网的节点,节点与节点相连,互相交织构成网络,形成互相联系的网络体系,也构成了互联网中的社交体系,使网络空间具有社会属性。人们通过网络分享信息,随时随地进行互动,建立联系。网络中的社会关系就是现实生活中的人在网络空间之中形成的各类关系之和,它是现实的人际关系在网络上的一种延伸,是社会关系的一部分,自然具有社会属性。

网络空间兼具虚拟性与现实性的特点,是二者的结合体。网络空间除了在物理属性上是虚拟的,其他方面均具有现实特性。虚拟性是网络空间呈现的表象,现实性与社会性是它的本质。因此,网络空间也是现实社会的一个有机构成部分。

第二节　互联网概述

一、互联网的特征

互联网是全球范围内的计算机及网络通过互相连接而形成的传送信息的网络。互联网创造出了一个非常庞大的公共虚拟空间，人们可在虚拟空间中通过数字化技术和虚拟手段进行各种体验，创造新的自我。互联网的出现给人们的现实生活带来了颠覆性的变化。相较于其他各类技术，互联网有以下几方面特征。

（一）开放性

互联网本质上是计算机与计算机之间以及计算机网络间实现互联互通，并实现信息的顺畅传播。

计算机互联互通程度越高，实现信息共享的能力就越强，开放性也就越高，互联网发挥的作用越大。互联网的开放性主要体现在下列几个方面：

（1）对用户开放。互联网是充分对用户开放的系统，用户不分种族、国家、性别、身份、年龄，只要有上网的硬件设施，就能随时上网，从网上获取信息和服务。

（2）对服务提供者开放。从系统论角度来看，互联网是具有海量信息的庞大系统。互联网信息的提供者多种多样,网络信息服务不是由某一个国家或某一个组织能够独立完成的。互联网正是由于对服务的提供者开放,为各类服务者提供开放的联网环境,才能保证用户随时随地通过网络获取所需的服务。开放性是互联网最主要的特征之一,也是其不断发展的动力。

（3）对于后续改进开放。这一特点使得互联网的子网在遵循TCP/IP 协议前提下,可有不同风格与体系,可根据实际需要随时对任一子网做出更改,而不对互联网的整体运行产生影响。互联网建造者表示:"联网最关键的概念在于,它不是针对某一类需求而设计的,而是一种可接受满足用户任何的需求的基础性服务结构。"

（二）全球性

互联网的全球性是以开放性为基础得以实现的。对用户开放,人人都可进入互联网,成为这个电子社区中的一员;人人都可以在网络上使用最新软件及资料库,促使各种观念产生碰撞,并逐渐走向融合;网络还把不同的价值观、地域风俗、风土人情呈现在用户的面前,经过不断接触,人们对各种文化形成一定的认识,能够理解和尊重不同的文化,使不同的文明实现友好往来。

互联网以其公开性跨越了地域的限制,将世界各地的人们联系起来,用户在网络中是平等的。互联网使空间的广度与深度得到了无限延伸,打破了地域、民族、国家等的限制,使全球的人们实现了有效连接,真正实现了网络的无线互联。

（三）虚拟性

网络空间是人类以数字化手段将各个计算机连接起来，综合利用计算机的三维技术、传感技术、人机界面交互技术、模拟技术等生成的一个模拟现实的感觉世界。构成网络空间的信息是确定的，一切信息都可用数字代码"0"或"1"代替，但信息是庞杂、虚拟、超时空的，这使信息的传播通道具有不确定性。

网络世界是与现实物理空间不同的一种电子化网络空间，也称赛博空间。在这一空间中，首先，网际关系具有的虚拟性与实体性是相对的。产生交集的用户主体仿佛隔着一层面纱，以虚拟的形象、身份实现沟通和交流，交往活动不像一般的社会行动需要依附特定物理实体及时空位置。其次，网络中人际关系的虚拟性并不意味着是虚假的，但有时由于恶意操作会使其变质为虚假的。主体行为大都是在"虚拟实体"①情形下做出的，借助网络技术，每个人都能隐藏真实身份，以虚拟身份示人。在这种虚拟的情境中，用户获得了一种在现实中无法获得的体验，但从功能效应方面来说，这种体验具有真实性。

（四）平等性

互联网是一个自发的信息网络，从这一系统整体来，它没有固定的所有者，不属于任何独立的个人或机构，也不属于某一国家，

---

① 国家工业信息安全发展研究中心：《大数据优秀产品和应用解决方案案例集（2019）产品及政务卷》，人民出版社 2019 年版，第 243 页。

因而任何个人、机构、国家都不能对这一系统进行操纵和控制。在互联网世界,所有用户都有自主权,因为用户都拥有着网络的某一部分;所有用户都有言论自由,但都不具有绝对的发言权。这样才能保证各个主体之间是平等的,使网民充分享受自由。网民可自由获取各种渠道的消息,参与话题讨论,而不受网络管理人员的控制。网络用户之间进行平等交流,不存在单向的信息接受者和传播者。网民可自由获取网上的信息,任何用户都不具有独占信息的权利。互联网的平等性增强了用户的沟通意识和平等意识,使用户的思维方式更多样化,提升了用户的创造性。但是,平等性也会在一定程度上导致权力滥用,产生无政府主义等不良影响。

（五）互动性

互联网是大众传媒,不受个体控制,网络媒体中信息的传播具有多向性和互动性。互动性也称交互性,指的是信息的传播过程包含一对一、多对一、一对多、多对多等多种传播形式,实现了大众传播、人际传播的结合,体现了网络媒体具有的优势与特性。互联网传播的优势体现在:用户可进行个性化选择,信息传播的过程具有互动性、大众化特征,传播迅速、信息承载量大、受众广泛。互联网具有互动性,这一优势是其他类型的媒体不具备的。电视、报纸都是采用单向传播的模式来传递信息,虽然也采用调查问卷等形式寻求受众的信息反馈,但这种反馈具有明显的滞后性,交流的效果非常有限。而互联网在开始进行信息传播时,互动就产生了,网络环境为用户提供了非常有效的互动平台。

互联网在给人类社会带来便利的同时,也引发网络侵权、网络犯罪等一些问题。互联网具有开放性、虚拟性、全球性、互动性、平等性等特点,这给日常的运行管理带来了巨大困难。网络用户可以隐匿真实身份,海量信息的传播不受控制,再加上信息传播具有即时性,这都为互联网的社会管理增加了难度。信息技术在不断发展,各国政府都在积极探索互联网治理的有效方法。

二、互联网产生的影响

得益于计算机技术和通信技术的发展,互联网得到了迅速发展,给人们的生产和生活带来了极大影响,使社会各个领域都发生了深刻的变化。"互联网+"模式使互联网创新技术与社会各领域实现了深度融合,促进了社会组织的变革、生产效率的提升以及技术的进步。① 社会经济以互联网技术为基础,形成了新的经济模式和形态,实现了经济发展模式的创新。互联网给社会发展营造了新的空间、带来了新的机遇,同时也给原有社会结构带来了冲击,也给当前的各项社会制度带来了挑战。互联网在社会中产生的影响是比较深刻的,主要体现在以下几个领域。

(一)经济领域

互联网的出现使商业规则发生了变化,也对经济运行产生了

---

① 李伟庆:《"互联网+"驱动我国制造业升级效率测度与路径优化研究》,人民出版社2020年版,第36页。

深刻的影响。互联网对经济领域造成的深刻影响表现为以下几方面：

（1）互联网使信息传播的范围扩大，使一些原本在内部传播的信息变成了公开传播的信息。用户在联网状态下可以根据自身的需要搜集各类信息。网络中的信息种类众多、数量庞大，而且以惊人的速度持续增加，人们通过信息共享满足了各类信息需要，这也为互联网信息服务产业的发展提供了动力。互联网使信息实现了自由流动，这成为全球经济发展的关键。

（2）互联网打破了市场中资源配置的门户限制，为经济主体在贸易活动中的交流与协商提供了极大便利，使人们在交易过程中的时空选择更为自由。全社会乃至全球都可以共享市场资源，从而使资源的配置达到最优状态。

（3）互联网推动了产业经济实现规模化发展，模糊了产业分工中的界限和原先产业管理中的存在边际。自互联网诞生以来，全球企业开始通过网络汇集财富，并且获得了成功。只有紧紧把握住互联网带来的经济发展机遇，才能从中获益，否则只能落后于时代发展的潮流，被时代抛弃。

（4）互联网改变了经济活动的交易模式，使经济发展步入互联网时代。互联网经济时代，产生了网络信息服务、网络娱乐、在线电子商务、生活信息服务、新兴传媒等多种新兴的网络产业。这些都是技术型产业、创意产业，轻资产、重资源，其发展潜力是巨大的。互联网的出现使人们足不出户就能完成商品交易活动，也可以在线和客户进行商业洽谈，节约经营成本的同时，还能提升交易效率。

（5）互联网促进了传统产业和经济模式的革新。传统金融服务业、出版行业、教育行业等与互联网融合，通过网络平台为用户提供了全新服务形式。人们通过手机端就能接受各项服务，而不必到现场与服务提供者进行面对面的接触，这为用户提供了极大便利。线上教育可以为偏远地区的学生提供一流的教育资源，促进了教育公平。企业通过互联网平台可以及时向用户提供新的服务、展示新的产品，在保证服务的针对性、有效性的基础上，有效降低运营成本。互联网为物流行业提供了更为广阔的发展空间，网上购物为传统快递行业注入了新的活力。

（6）互联网使人们的就业方式、劳动方式发生了变化。通过计算机操作完成的工作不再采用工业时代定时、定点上班的模式，人们的工作地点与工作时间都更加灵活，在工作安排上更具有自主性。互联网时代，由于社会经济的发展不再仅仅依靠生产组织形式和物质资源，信息生产能力成为经济发展的一项重要指标，"劳动"这一概念产生了一些变化，在生产当中，脑力劳动所占的比重逐渐增加，其作用也越来越重要。在经济发展中，信息、科技等因素发挥的推动作用越来越明显，以信息为主的新型生产方式正逐渐取代以资本为核心的传统生产方式。需要明确的是，互联网在经济领域形成了"数字化鸿沟"①，一些网络技术不发达的国家或地区的企业，是无法享受网络发展带来的各种信息红利的，它

---

① 杜丽燕、程倩春：《中外人文精神研究》第十三辑，人民出版社 2020 年版，第 149 页。

们常常在经济发展和贸易中处于劣势。同时,由于信息具有一定的价值,一部分人为了利用信息获利,会非法收集和利用个人信息,甚至贩卖个人信息,这造成个人隐私被泄露,严重威胁个人隐私的安全性。

(二)政治领域

互联网促进了传统政治体系的变革,为社会公众参与政治生活提供了新的方式。互联网的体系结构具有分散性,具有开放性与自由性。在网络空间当中,人们不仅能打破地域空间上的距离,也能打破社会身份、社会地位等方面存在的差异,个人或组织都能针对所获得的信息发表观点、提出意见和建议,可以针对政府决策、社会公共事务表达自己的观点。政府也可以利用网络平台实现社会动员与政策普及。互联网给社会公众参与政治生活、促进政府与大众的沟通提供了便利,为公众发表意见提供了平台。政府通过构建政务网站,为和公众实现有效互动提供平台,及时公示政府的政务信息及政策信息,保证政府工作的透明度;通过论坛、在线咨询和线上开展民意调查等方式广泛地征集民意,掌握公众信息,从而为政府的决策提供参考,保证决策的科学性,提升政府决策的水平。

互联网为政治生活带来了变化,促进了政治的民主化发展。从政治参与的角度而言,互联网为公民的政治参与提供了新的途径,点燃了公民参与政治生活的热情,也提升了他们参与政治生活的实际能力。网络平台中,聚合公民利益诉求更为方便、快捷,也更加自由,政治参与更为便捷、广泛,这提升了公民参与政治生活的广度与深度。从民主的实现方面来讲:首先,互联网使社会群体进一步分化,个人对于群体的依附性降低,将权力分散至个人、团体当中;其次,互联网分散了政府对政务信息的控制力;最后,互联网为政府和民众的互动提供了有效的渠道,为大众民主的真正落实提供了有利条件,促进了民主制度的进一步发展。

互联网也给政治生活造成了一系列不良影响,它可能会导致严重的无政府状态,网络发展不平衡会造成信息垄断,不同社会群体之间的差距逐渐拉大,严重时可能威胁国家安全。

(三)社会领域

互联网促使人们的交往方式、生活方式发生了一系列深刻变化。个体之间进行社会交往,体现了人的一种社会本性。人的交往方式、交往的范围与时间往往受交通工具和通信手段等因素制约。随着通信技术和网络技术的持续发展,互联网开通以后,以往人际交往中的时空限制被打破,全球成为"地球村",全世界广泛交友在今天是可以实现的,"跨时空"是互联网时代人们交往呈现出的主要特征。

互联网使人们的交往方式产生了革命性的变化,这主要体现在:①交往呈现出全球性。互联网为人们的交往提供了全球性、无限性、普遍性的空间。②交往多元化。网络空间中的交往主体是多元化的,交往具有交互性、平等性,开展交往实践是网民的一种基本活动方式。③交往形成的信息共同体。网络时代,知识与信息的价值不断提升,用户交往所形成的信息共同体,使多种知识和信息实现了联合。

(四)文化领域

互联网衍生了网络文化,并对文化交流提供了有力的支撑。人们在网络空间开展信息交流、获得情感体验,从而孕育出了网络文化。平等、自由、多元、开放是网络文化的核心内容,对社会文化产生了重要影响,并实现了社会文化的重塑。这促进了传统文化逐渐转变为现代文化。同时,网络的虚拟性使网络文化与现实脱离,给文化发展造成了一定的不良影响,如网络文化过度发展形成绝对自由主义、理想主义,导致大众文化泛滥等。由于普通大众在网络空间的话语权扩大,大众文化得到了极大发展,以消费文化、娱乐文化为代表的大众文化是网络文化重要的组成部分,其影响力逐渐扩展到社会文化的各个领域。

互联网促进了不同文化形态之间的交流,使人们通过视频通话、在线交流等方式,了解不同文化背景下人的生活方式,通过网络感受异域文化。文化的发展呈现出了新的形势:由纵向传统继承转变为横向开拓,网络技术为多元文化的碰撞与交流提供了前提。

互联网也在文化发展中产生了一些负面影响,主要表现为网络为不良信息的传播提供了渠道,外来文化通过网络扩散,不断侵蚀主流文化,对青少年产成了不良影响。个别霸权主义国家利用网络实行文化输出,对他国进行文化侵略。

第三节　树立正确的网络观

截至 2022 年 6 月,中国网民规模为 10.51 亿人,互联网普及率达 74.4%。规模庞大的网民带动了网络经济的发展,我国的网络经济规模持续增长,成为我国经济长足发展的新动力。毫无疑问,我国已经成为网络大国。正是在此背景之下,习近平总书记立足于我国现状,全面分析基本国情,高瞻远瞩,指出:"网络安全和信息化是事关国家安全和国家发展、事关广大人民群众工作生活的重大战略问题,要从国际国内大势出发,总体布局,统筹各方,创新发展,努力把我国建设成为网络强国。"①

把我国从网络大国建设成为网络强国的新目标,是我国正在努力实现的中华民族伟大复兴中国梦的重要组成部分,为了实现这一目标,就要求我们运用马克思主义方法论和辩证法,客观全面地认识到当前我国建设成为网络强国所存在的差距,攻坚克难,努力实现建设目标。

为了实现网络强国目标,习近平总书记自 2012 年 12 月以来对当前我国的网络安全和网络治理发表了一系列重要论述,形成了具有新观点、新思想、新论断、新要求的新型网络观。

---

① 《习近平关于网络强国论述摘编》,中央文献出版社 2021 年版,第 31 页。

一、网络安全观

（一）统筹总体国家安全观

2014 年 2 月 27 日，习近平总书记在中央网络安全和信息化领导小组第一次会议上强调"没有网络安全就没有国家安全，没有信息化就没有现代化"①。这一论述，将网络安全纳入国家安全当中，形成了涵盖政治安全、国土安全、军事安全、文化安全、信息安全、资源安全、核安全等 11 种安全于一体的总体国家安全观，体现了国家安全中传统安全与非传统安全的治理思想，充分反映了国家治理体系深入改革的系统性、整体性和协同性。

（二）一体两翼驱动观

"网络安全和信息化是一体之双翼，驱动之双轮，必须统一谋划、统一部署、统一推进、统一实施。"②习近平总书记的这一论断阐述了网络安全与信息化之间的辩证统一关系，揭示了网络安全与信息化之间的关联性、互动性和协同性。习近平总书记曾强调"网络安全和信息化对一个国家很多领域都是牵一发而动全身的"③，网络安全与信息化之间的辩证关系，与国家战略安全、国民经济和社会发展息息相关。网络安全和信息化在国家战略发展之

---

① 《习近平关于网络强国论述摘编》，中央文献出版社 2021 年版，第 55 页。
② 《习近平关于网络强国论述摘编》，中央文献出版社 2021 年版，第 90 页。
③ 《习近平谈治国理政》第一卷，外文出版社 2018 年版，第 197 页。

中占有重要地位,二者之间协同发展体现了一种国家战略层面上的大局观和安全观。

因此,网络安全和信息化作为"一体之双翼,驱动之双轮"就要贯彻二者之间辩证统一的关系,不能偏废,要齐头并进,齐抓共建,相互协调,相互促进。

(三)安全有序发展观

"做好网络安全和信息化工作,要处理好安全和发展的关系,做到协调一致、齐头并进,以安全保发展、以发展促安全,努力建久安之势、成长治之业。"①习近平总书记的这一论断,正是体现了他的网络安全有序发展观。习近平总书记将网络安全有序发展观念加入了构建网络命运共同体的"五点主张"之中,只有保障网络安全,才能促进网络空间的良好秩序和发展。

在网络安全有序发展观当中,习近平总书记将安全和发展联系起来,安全是发展的保障,发展促进了安全,两者相辅相成,缺一不可。保障良好的有序发展,要加强我国网络技术同国际的交流合作,促进网络信息的互联互通,同时也要独立自主创新网络安全技术,对网络安全治理和发展提供技术支持。

(四)民主平等全球观

由于互联网发展存在差异,尤其是发展中国家在网络基础设

---

① 《习近平谈治国理政》第一卷,外文出版社 2018 年版,第 256 页。

施建设上相对落后。发达国家利用其先进的网络技术对网络市场进行控制,赚取发展中国家的利益。不仅如此,发达国家还推出了一系列全球性的网络应用服务平台,通过这些平台对他国的互联网资源进行控制,造成了互联网资源分配的不平等,遏制了新型网络国家的发展。

对于当前国际互联网上存在的不平等现象,习近平总书记指出,"国际网络空间之力,应该坚持多边参与、多方参与,由大家商量着办,发挥政府、国际组织、互联网企业、技术社群、民间机构、公民个人等各个主体作用,不搞单边主义,不搞一方主导或几方凑在一起说了算"①。在第二届世界互联网大会上,习近平总书记将"公平正义"理念加入到了"民主平等全球观"当中,并且在构建网络命运共同体的"五点主张"中,提出了要促进公平正义。习近平总书记对于"民主平等全球观"的论述,体现了中国作为一个负责任的大国在国际网络治理中所坚持的原则和立场,体现了国际法治精神,并且在推动国际网络平等治理进程中发挥了重要作用。

(五)尊重互信主权观

网络空间发展是一国政治、经济、文化、社会等方面在虚拟空间的发展延伸,网络空间受到所在国家的管辖,理所应当的是国家主权的形式之一。习近平主席在 2014 年 7 月于巴西国会发表演讲,提出"国际社会要本着相互尊重和相互信任的原则,共同构建

---

① 《习近平关于网络强国论述摘编》,中央文献出版社 2021 年版,第 170 页。

和平、安全、开发、合作的网络空间"①。

习近平总书记在提出构建网络命运共同体的"四项原则"中，将"尊重网络主权"放在了首位。由此可见，建立相互尊重信任的网络治理交流关系，不仅对本国的网络安全治理起到促进作用，也加深了国际交流合作，维护了国际互联网空间的有序运行。

二、网络治理观

（一）交流合作共赢观

2014年，习近平总书记在首届互联网大会致贺词中指出："互联网发展对国家主权、安全、发展利益提出了新的挑战，迫切需要国际社会认真应对、谋求共治、实现共赢。"②在中央网络安全和信息化领导小组第一次会议中，也提出了"要积极开展双边、多边的互联网国际交流合作"的论断。指出，各国应当在国际互联网治理上相互交流，促进合作，实现共赢；各国在网络上开放合作领域，丰富合作内容，实现彼此网络空间内的优势互补，实现共同发展。

（二）建章立制依法治理观

我国目前网络治理法律法规有待进一步完善，网络治理的建章立制、依法治理已经迫在眉睫。完善我国网络治理法律，是对我

---

① 王世伟：《习近平的"网络观"述略》，《国家治理》2016年第3期。
② 《习近平关于网络强国论述摘编》，中央文献出版社2021年版，第162页。

国网络治理提供理论依据和制度支持。在为网络治理建章立制的同时,也要运用相关法律,依法治理网络安全。依法治网是推动全面进行依法治国总目标的内容之一,依法办网、依法上网、依法管网,建立有法律支撑的安全有序网络空间。

(三)自主创新技术观

网络是依托于技术发展的,先进的技术会促进网络安全的发展,为治理网络安全提供技术保障。习近平总书记指出:"建设网络强国,要有自己的技术,有过硬的技术;要有丰富全面的信息服务,繁荣发展的网络文化;要有良好的信息基础设施,形成实力雄厚的信息经济。"①网络技术在网络安全战略上一定要坚持自主创新,"只有把核心技术掌握在自己手中,才能真正掌握竞争和发展的主动权,才能从根本上保障国家经济安全、国防安全和其他安全。"②但是自主创新不意味着闭门造车,要加强国际网络技术的交流,学习西方先进技术经验,取长补短,深入开发我国网络信息技术。

(四)培养网络人才观

在人才观念上,习近平总书记指出:"建设网络强国,要把人才资源汇聚起来,建设一支政治强、业务精、作风好的强大队伍。'千军易得,一将难求',要培养造就世界水平的科学家、网络科技

---

① 《习近平关于网络强国论述摘编》,中央文献出版社2021年版,第46页。
② 《习近平关于科技创新论述摘编》,中央文献出版社2016年版,第56页。

领军人才、卓越工程师、高水平创新团队。"①人才是推动我国网络安全技术发展的根本要素,是将我国从网络大国建设成为网络强国的关键。因此我国应当大力培养创新意识高、创造能力强的相关人才,不仅要注重人才的专业技能培养,也要注重思想道德教育和团队合作意识,打造出高素质、专业化的网络治理人才队伍。

(五)网络空间清朗观

网络宣传思想工作是我国宣传思想工作的重要内容之一。习近平总书记对网络宣传思想工作作出了一系列重要论断。他指出:"根据形势发展需要,我看要把网上舆论工作作为宣传思想工作的重中之重来抓。"②并且强调了网络对我国意识形态的影响,互联网已经成为今天意识形态斗争的主战场,我们在这个战场上能否顶得住、打得赢,直接关系我国意识形态安全和政权安全。网络宣传工作是一项长期的工作,要不断创新网络宣传内容,弘扬社会主义核心价值观,及时引导网络舆论,使我国的网络空间清朗起来。

第四节　网络治理概述

一、网络治理的概念

"治理"一词最早是在社会管理领域提出的。21 世纪初,"治

---

① 《习近平谈治国理政》第一卷,外文出版社 2018 年版,第 257 页。
② 《习近平关于网络强国论述摘编》,中央文献出版社 2021 年版,第 63 页。

理"理念被引入网络空间的管理中,学界还提出了"网络治理"的概念。联合国互联网治理工作组对"网络治理"所作的定义是:网络治理是政府、社会组织、社会公众从各自的网络管理目标出发,通过基本制度、运行原则、工作准则、应急方案等保证互联网实现规范化发展。网络治理是公共决策的一部分,其治理架构实际上是对公共权力的分配。

从网络治理的具体内涵来看,网络的治理并不只是管理与管制。网络治理的特征可以概括为下列几点:

(1)在治理主体上,要求政府、企业与社会公众全面参与,一同承担起网络治理的责任。这是因为互联网用户涉及社会各个领域、各个层面,仅靠一方的努力,无法独自解决网络运行及使用中出现的一系列问题。现阶段的互联网管理已经不再采用公共管理的模式,由以往从国家层面自上而下进行管理,逐渐转变为多方共同参与、在国际组织的协调下进行的平行管理。

(2)在治理手段上,对网络实现有效治理需要综合应用法律、信息技术、管理、行业监督等多种有效手段。网络信息技术这一治理手段在网络的治理当中的地位是非常重要的。而管理、监督则强调政府方面采取自上而下的行政管理手段。

(3)在治理路径方面,网络治理强调不同利益主体间的权力制衡与制度规范,注重各类利益主体相互依存、互信互利,同时做到求同存异。这样才能保证社会和谐、有序发展。而管理与管制强调的则是通过行政手段达到预设的理想社会秩序。

二、网络治理的领域

网络空间和现实世界彼此渗透、互相影响,网络治理与社会治理一样具有复杂性,涉及的层面较多,主要有下列几方面:

(1)基础设施及互联网资源管理方面的问题,主要有:域名系统与 IP 地址管理、服务器的系统管理、互传与互联、相关技术标准、涵盖创新及融合技术的网络基础设施管理等问题。

(2)互联网使用过程中的问题,如信息安全、网络犯罪、垃圾邮件等。

(3)与互联网相关,其影响范围不限于互联网,并依靠现有的组织处理的一系列问题,如国际贸易与知识产权等。

(4)互联网治理发展方面的问题,尤其是关于有效提升发展中国家网络技术和应用能力的问题。

三、网络治理的主体

网络治理是一项庞杂的系统化工程。要实现网络治理的最终目标,需要多方参与,因此网络治理主体有着多样性特征。网络治理的主体大体上分为三类:政府、私营部门(以互联网企业为主)及普通大众。除了这三类,国际管理组织、专门的研究机构也在网络治理中发挥着不容忽视的作用。

（一）政府

互联网在社会中的应用越来越广泛,可以说渗透了社会各个领域,导致网络安全方面的问题日渐突出。政府在国家的网络治理工作中居于主导地位,主要任务是制定网络治理的相关政策,并安排各级部门落实,还要对落实情况进行监督。政府要积极为信息技术的发展打造有利的环境,通过制定法律与行业标准来促进网络治理;通过政策推动网络技术与管理标准的开发与创新,提升网络治理的整体能力;推进基础设施的建设与信息技术的发展和普及;打击各种网络犯罪活动;解决各种网络纠纷;在国际合作与区域合作当中发挥促进作用。

（二）互联网企业

当前,互联网的发展仅靠政府一方面的支撑是行不通的,而是要依靠企业的支持才能实现持续发展。网络关键基础设施大部分是由大型的互联网企业负责运营的,这些企业也掌握着网络治理中的庞杂数据与信息。离开了网络企业的支持,网络治理的质量很难得到保障。

在网络治理中,互联网企业要制定行业规范;明确管理实践的规划;推出相应的技术与标准,积极创新;政府在起草法律时,企业要发挥协助作用,参与制定互联网管理的国家政策及国际政策;积极推进网络管理与应用能力的建设;协助解决网络纠纷等。

(三)社会公众

正是因为众多网民的广泛参与,网络的重要性才得以显现,才形成了网络社会。依靠网民共同参与、群策群力,网络治理的最终目标才能真正实现。要构建和谐的网络环境,必须不断提升公众的网络素养,促使公众不断增强网络安全方面的意识,做文明的网络用户,对于各种信息形成独立判断的能力,始终保持清醒的意识。公众可通过网络平台来参与政治、文化等各种社会性的活动;积极参与公益活动;开展网络管理实践;监督企业承担各类社会责任。我国定期组织"网络安全宣传"活动,活动的主题为"共建网络安全,共享网络文明"[1],目的是于提升社会公众在网络安全方面的素养,依靠公众的力量来维护网络环境的安全。

互联网作为一个全球性的信息系统,其治理需要依靠政府间以及非政府间国际合作,需要国际组织参与其中。联合国、世界贸易组织、经济合作组织、亚太经合组织、全球知识产权组织、非洲联盟、欧盟等国际组织均积极参与到国际网络的治理工作中。

四、网络治理的探索

网络治理是全球性课题,各国的政府和国际组织纷纷积极探索有效开展网络治理的模式和方法,不断改进网络治理的方式。

---

① 中国网络空间研究院:《中国互联网 20 年发展报告》,人民出版社 2017 年版,第 125 页。

互联网治理工作要考虑下列几项基本问题。

（一）网络治理的管辖权

各国在处理国际关系时都应遵循《联合国宪章》中确立的"主权平等"①原则，这是国际往来中的基本准则，国际交往各个领域都要遵循这一原则。因此，这一原则在网络空间也适用。各国都应尊重别国的选择的网络发展途径、网络管理的模式以及关于互联网的公共政策。基于国家的主权，各国对本国的网络治理有绝对管辖权。各国的政府有权针对本国境内的网络设备、网络主体、网络行为、网络信息以及网络系统构成的网络空间行使治理与管辖权。针对国际来说，各国政府均有权代表本国平等地参与国际网络空间的治理工作，有权力采取有效措施阻断来源于境外的各类违法信息、打击网络违法行为。

（二）网络治理的主体

网络空间的治理应坚持多主体参与。除政府以外，企业、科研机构、教育单位、社会团体、普通用户等都应加入互联网治理的行列，在不同领域充分发挥自身的作用，注重公共机构同私营部门间的合作。

从网络治理人才队伍的建设来看，目前我国的网络管理队伍中缺少管理水平高、业务能力强、专业技能过硬的复合型人才。另

---

① 《国家网络安全知识百问》编写组：《国家网络安全知识百问》，人民出版社 2020 年版，第 35 页。

外,不同部门在监管方面缺少统一的尺度标准,各部门的优势有待进一步整合,在监管中各自为战,互不沟通,数据库的建设以及监测系统、监管体系之间的联系性不足,没有形成高效的协调机制。

(三)网络治理的手段

大部分的国家开展网络治理都是以立法作为基础,结合行政管理、社会监督、技术与自律等手段,实现综合性的网络治理,只是每种具体的方法在利用程度和方式上存在差别。

当前,我国政府在网络治理方面采取的手段相对较为单一,主要是利用行政手段,其治理效果有待加强。要重视行业协会等类型的社会组织在国家与市场之间发挥的纽带作用,使互联网行业协会充分发挥自律性,实现有效的自我管理和自我监督,以弥补政府管理以及市场监管的不足之处。

(四)网络治理中的国际合作

网络空间具有开放性,是人类共同拥有的活动空间。随着互联网不断发展,各国逐渐认识到,绝对不能单靠某一国家对网络空间进行治理,必须加强国家之间的合作,针对网络治理制定国际规则,共同打造和平、开放、安全、和谐的网络环境。

各国针对网络空间开展合作的领域主要包括电子商务、网络隐私的保护、打击网络犯罪等。目前,网络空间唯一的专用国际公约是在2001年通过的《网络犯罪公约》。各国对于网络治理国际规则的共识有待进一步加深,需要进行深入研究与讨论。

第二章　网络治理中存在的一些问题

第一节　网络立法方面

网络虚拟社会自由联通,孕育了多种网络文化。同时,网络中侵权、诈骗、赌博、传播淫秽色情内容等违法犯罪行为的发生率也持续增加,对我国的政治、经济、国防、科技、生活等各个方面都产生了严重威胁。相关部门推出了网络管理的行政法规与规章制度,这些法规与制度涵盖了电子商务、网络安全、网络运营监管、网络著作权保护等多方面的工作,为网络管理提供了依据。

一、网络立法体系需进一步清晰

我国的互联网管理在立法方面尚未形成完善的体系,往往是针对出现的具体问题单独制定管理措施,法律体系的整体性、连续性有待加强。各主管部门在管理中需要加强协同合作。

二、网络立法层次有待进一步提升

现行的网络立法多为地方性法律或部门条例,只有一小部分是国务院制定的。我国关于网络治理的规章已经超过 200 部,大部分为部门规章,并不具有法律效力,立法的层次相对较低,对于各种网络破坏或犯罪行为的威慑力有限,难以满足网络管理的实际需要。

三、网络立法存在重管制轻保护的现象

我国网络立法强调政府对于网络系统的管理,不注重对于网络主体的权利提供保护。通过对我国颁布的关于网络的各类法规及规章进行分析之后可以发现,立法主要以政策性的法律为主,侧重于保护互联网信息系统,强调网络空间的规范与秩序,维护网络安全,在某种程度上忽视了对各类网络主体的权利提供保护。

四、网络立法的薄弱环节有待改进之处

例如我国对虚拟财产的界定、对网络言论自由的保护以及

对于网络中个人数据和隐私的保护等,都还没有以立法的形式明确下来。

五、法律与规章的可操作性需进一步加强

现行行政规章的条文较多,具体内容不够细致,导致实践中可操作性不强。例如,出台《电子签名法》的主要目的是解决电子商务中的各类法律问题,该法规并没有对电子合同的具体格式进行规定,没有对电子签名的认证程序、认证机构以及受认证方的合同作出明确规定,也没有明确管辖权的相关细节。

第二节　网络道德教育方面

互联网迅速发展,对社会生活的影响不断深化,网络道德的重要性日益凸显。网络道德的高低直接影响网民在网络中的活动,对其网络行为具有普遍约束力。

网络道德指的是在网络活动当中得到大众普遍认同的道德观念,是判断善恶、是非的标准。通过社会舆论、个人信念和习惯对大众的上网行为进行评价,调节网络中的人际关系以及个人与社会关系的一种行为规范。

网络道德是在网络社会中产生的,同时又作用于网络社会。互联网是人类创造的一种工具。目前,还没有一种工具对社会的

影响范围和深度能超越互联网,人们用"虚拟的网络社会"①描述互联网的影响。虚拟"网络社会"的经济、政治、文化、军事、科研活动,以及社会生产与生活方式、人们的思维方式、交往模式、价值观念等都会产生一系列变化,和传统社会的行为模式有很大区别。

网络社会中的行为代表着社会发展的趋势,但网络社会并非一片净土,其运行中也存在诸多问题。从当前的情况来看,网络社会并不是人类想象中的理想国。

人们在网络中的言行是由个人的思想决定的,而在现实社会中,个人行为取决于社会舆论与传统习惯。网络道德以"慎独"为主要特征,是一种自律性的道德,要求用户在一个不存在熟人的网络环境中,在外部干预、监督极少的情况之下,使自己的行为保持理性,严格按照道德准则和规范约束个人的活动。人类社会中的许多缺点及阴暗面,并没有被网络过滤掉,而是随着人类行为的开展进入网络社会,而且网络中又出现了一些新的与人类对美的追求不协调的因素。

调查资料显示:在接受调查的青少年中,31.4%的人并不觉得"网上聊天过程中撒谎不道德";37.4%的人认为"在网上偶尔说脏话、爆粗口并没什么问题";甚至有24.9%的人觉得"在网络中开展活动不必有任何顾忌"。经过对公安部门破获的网络违法犯罪类案件进行分析发现,网络违法犯罪的人员呈现出低龄化特点。②

---

① 李玮:《中国网络语言发展研究报告》,人民出版社2020年版,第193页。
② 赵惜群:《中国网络内容建设调研报告》,人民出版社2017年版,第319页。

第三节 政府部门的管理方面

一、各职能部门存在多头管理、各自为政现象

互联网安全管理的相关工作与信息产业、通信管理、文化、教育、公共安全等多个部门密切相关,但上述职能部门在工作中缺少有效的协调与联动机制,实际工作中都是严格按照分工来完成工作,实行线性管理、多头管理,导致分工不科学、重复工作,甚至不同部门还会互相推脱责任。这种多头管理、各自为战的管理方式导致网络管理不科学,各类问题层出不穷。①

2001 年 4 月,我国的信息产业部、文化部、公安部、国家工商行政管理总局等联合发布《互联网上网服务营业场所管理办法》,明确规定工商、信息产业、文化、公安四大部门共同对网吧实施管理工作,每一部门都有权向网吧发放各类行政许可或行政文件,规定了信息产业部为网吧管理的主要责任方。但是,在监管实践中,信息产业部仅仅在网吧营业初期颁发营业许可证,之后就基本不再发挥对网吧的管理职能,而公安机关为了打击网络犯罪,成了网吧的实际监管部门,导致主要的监管责任部门极少开展监管工作,而次要的监管部门则越权进行监管。

---

① 《习近平关于网络强国论述摘编》,中央文献出版社 2021 年版,第 101 页。

二、各职能部门发展不均衡,管理效能有待提高

以公安部门对网络的管理为例。现阶段,公安机关对于网络虚拟社会的管控存在的不足之处包括:

(1)相关法律法规不完善。互联网技术飞速发展,导致网络管理不断出现新问题、新情况,现有法律法规管理的内容不全面、不完整,且缺乏可操作性,不能满足互联网管理实践的需要,无法为管理提供必要的法律支持,相关立法不完善的弊端越来越明显。

(2)网络监管执法力量相对薄弱,管控技术、执法水平相对滞后于网络发展。首先,从总体上来看,公安部门对于网络的监管工作还处在起步阶段,实行网络监管的民警不具备扎实的专业能力,相关的防控工作过于粗放。其次,基层部门的基础工作不到位,各种基础性的数据库不完善;基层民警的工作技能有限,网络技能无法与网络发展的形式相对应;开展网络斗争时缺少有效战术;通过网络渠道开展情报侦察和信息收集的水平有限;工作中的精确度不足、技术含量较低;开展网络监管工作时主要是进行事后处理,在管理中比较被动。

(3)网络管控的基础相对薄弱。公安机关未能全面细致地掌握网络发展的情况和一些基础性的数据,关于工作机制、基础数据系统、相应的规范与制度的建设相对薄弱,关于网络的管理手段、管理模式和体制等与当前信息社会管理的具体要求不适应,导致

对互联网的监管缺少实效,无法准确、及时地发现网络中的不良信息和潜在的运行风险。

第四节　网络主体方面

一、网络企业方面

部分网络运营类的企业、运营商的网络安全意识比较薄弱,没有认识到网络安全的重要性。网络企业忽略了自身的管理责任与社会责任,为追求更高的经济效益盲目拓展业务,对各类业务不具备应有的控制和管理能力,对网络资源进行掠夺式开发,使政府部门实施网络管理和监督的难度大大提升。

二、网络用户方面

很多联网单位及普通用户的网络安全防范意识、防范技能不足。无论是单位的计算机系统还是个人电脑,都可能遭到网络病毒和网络黑客的攻击。据统计,仅 2020 年,我国计算机中被境外控制的 IP 地址就有 100 余万个;遭到黑客袭击、篡改的网站有 4.3 万个;每月平均被蠕虫病毒感染的计算机多达 1800 万台,占全球感染的主机总量的 1/3。目前,我国大多数的网络用户的网络安全意识不足,平时不注重网络风险防范。单位用户在使用计算机时的管理水平有限,网络安全管理不够规范,利用安全检测手段预测和防范网络安全风险的能力不足。

第三章　全球视域下的网络空间治理

第一节　全球网络空间治理存在的问题

一、全球网络空间面临的威胁

国际电信联盟发布的《衡量信息社会报告》显示：2017 年底，全球的互联网用户接近 37 亿人，约占世界人口总数的 41%，其中，发展中国家的用户占一半以上。① 信息技术引发的全球化，带动各国不断对互联网进行深入研究。网络为人类活动提供了新的空间，改变了人们的互动方式，实现了全球信息资源共享，给我们的生活带来了极大便利。同时，网络也在社会各个领域得到了普遍应用。网络的应用为全球用户带来了方便，但同时也带来了一些

---

① 余丽：《互联网国际政治学》，中国社会科学出版社 2017 年版，第 12 页。

全球性的问题。这些问题对个体以及跨国公司的利益造成了严重损害,威胁国家的安全。网络空间出现的问题往往涉及社会中的多个领域,这使网络治理的难度大大提升。新的时代背景下,网络全球治理面临着巨大挑战。

网络空间的相关问题,在全世界受到了广泛关注,国家主体对网络空间尤为其关注,这主要是因为网络空间给国家安全带来了不可忽视的威胁。很多国家相继颁布了关于网络治理的法令,并推出了相应政策,将网络空间安全上升至国家安全的战略层面。网络空间对于国家安全的威胁是逐层递进的。美国信息学者Bruce Schneier 根据网络空间对国家造成威胁的严重程度,将网络威胁分成三种:网络犯罪、网络恐怖主义与网络战。这三个层级的网络安全威胁程度是依次递进的。① 但是,这种分类忽视了网络间谍以及网络颠覆活动给国家安全带来的恶劣影响。笔者认为,应增加第四层级——网络颠覆。在对网络威胁进行层级划分时,要明确网络行为的具体目的——攻击者是蓄意破坏网络安全,还是为了炫耀个人的网络技能来获得所谓的"成就感"。例如,有些计算机技术高超的人会故意袭击重要部门的网络系统,导致整个区域的网络无法正常运行,以此展示自己的技术与能力。这类网络攻击算不上恐怖主义。对网络空间面临的威胁进行大致分类,可以为决策者区分各类网络攻击,进而采取有效的措施提供依据。在全球的网络治理当中,明确区分网络威胁的级别,对制定外交政

---

① 张笑容:《第五空间战——大国间的网络博弈》,机械工业出版社 2014 年版,第105 页。

策有着极为重要的影响。

(一)网络犯罪日益猖獗

网络犯罪指的是不法分子用计算机技术攻击网络系统或窃取、删改指定信息,是利用网络进行破坏及犯罪活动的总称。随着网络和计算机技术的不断发展,新型的网络犯罪不断涌现。网络破坏者通过入侵计算机系统盗取密码、进行网络偷窥、大肆传播携带病毒的文件。这些活动常常与其他形式的网络犯罪相结合,对公民个体、整个社会、国家甚至国际安全都造成了严重威胁。这成为一个国际性的问题,仅仅依靠一国的力量无法有效解决。

网络犯罪的主要表现形式是对网络进行恶意破坏与攻击。在网络犯罪中,网络攻击是比较常见的。大部分网络用户都遭遇过网络攻击,有时候用户也发觉不了。攻击者主要是利用网络的安全缺陷和网络漏洞对网络系统实施攻击。常见的攻击方式包括:黑客入侵、web 欺骗、口令入侵、木马病毒入侵、节点攻击等。网络攻击会泄露个人的有关信息,恶意篡改网页内容,使网络系统运行故障,甚至会导致整体网络瘫痪,造成不可估量的经济损失,影响社会的安全与稳定。黑客入侵时,会盗取信息,对数据进行非法修改,DDOS 攻击敲诈勒索(攻击者进行"分布式"攻击,利用千万台计算机向攻击对象发送相应的服务请求,致使系统服务器出现瘫痪,导致该网站合法用户不能获取服务,而且被攻击者利用的计算机用户并不知道自身已经参与了攻击活动)。目前的勒索软件包括 CryptoLocker、CryptoWall、Bitcryptor、Coin Vault 等。① 这些勒索软件的危害性相对而言并不是特别强,还有一些危害性更强的新型恶意勒索软件,可以对系统以及后台数据作无声加密,通过核心部件加密文件,完成信息窃取,并对系统造成破坏。

2017 年 5 月 12 日出现了新型的勒索软件——"永恒之蓝"②,在全球爆发了恶意网络攻击。该软件通过共享协议传播蠕虫代码攻击 Windows 网络。犯罪分子对泄露的 NSA 黑客武器库当中的攻击程序进行改造,制造新型病毒,专门攻击 Windows 网络的共享协议。这一蠕虫代码迅速在我国以及欧洲多国传播,导致高校的内部网络、企业内网、政府官网受到攻击。攻击者要求被攻击的对象以高额赎金换取文件的解密权限。当前,此类网络犯罪活动在全世界范围内都非常猖獗,打击起来有一定难度。

(二)网络渗透频发

只有政治稳定,人民才能安居乐业,社会才能和谐,国家才能稳步发展。个别霸权主义国家企图利用网络干涉他国的内政,甚至想颠覆他国的政权。在世界百年未有之大变局背景下,部分西方国家从自身的政治利益出发,以自己的政治观念和历史经验

---

① 邵国松:《损益比较原则下的国家安全和公民自由权——基于棱镜门事件的考察》,《南京社会科学》2014 年第 2 期。

② 永恒之蓝(Eternal Blue)是由美国国家安全局开发的漏洞利用程序,对应微软漏洞编号 ms17-010。该漏洞利用工具是由一个名为"影子经济人"(Shadow Brokers)的神秘黑客组织于 2017 年 4 月 14 日公开的利用工具之一,该漏洞利用工具针对 TCP 445 端口(Server Message Block/SMB)的文件分享协议进行攻击,攻击成功后将被用来传播病毒木马。由于利用"永恒之蓝"漏洞利用工具进行传播病毒木马事件多,影响特大,因此很多时候默认将 ms17-010 漏洞称为"永恒之蓝"。

来审视我国的政治制度,利用网络进行文化腐蚀,企图把自身的制度和价值观念植入我国。这种政治渗透完全违背了不同文化、不同制度之间互相尊重、求同存异、和平共处的原则,是一种文化霸权、政治霸权,给我国的政治稳定与社会和谐带来了严重的不良影响。

意识形态渗透是一国对另一国进行文化渗透的主要方式。网络环境中存在各种各样的思想文化,这些思想文化互相碰撞。当前,我国的主流价值观念和中华优秀传统文化在网络时代面临着前所未有的冲击。网民的文化水平不同,用户的素质存在一定差异,面对网络环境当中的各种诱惑缺少抵抗力,辨别是非的能力有限。由于当前通过网络获取信息比较便捷,个别国外媒体借助网络散布谣言、传播虚假消息,诋毁我国的制度和文化,误导群众,损害了我国的形象,在社会上造成了一定的负面影响。

二、网络空间治理国际合作

当前,全球在网络空间治理方面采用的是一种分布式层级治理的架构。网络空间中不同领域的治理既受相应区域组织及国际组织的协调和指导,又受国内政策与法律规定的限制。网络空间治理主要分为互联网技术治理(基础设施、技术标准、编码等)、资源分配与网络应用方面的公共政策(网络经济发展与国际合作、网络恐怖主义、信息安全等)的治理。

（一）网络治理当中主要的国际平台

国际机构是网络治理中的主要国际平台，不同的机构在功能上有区别，也有重合的地方。参与网络空间治理的机构很多，下面对几个影响力较大、知名度较高的机构进行重点分析。

最有影响力的是互联网名称与数字地址分配机构（The Internet Corporation for Assigned Names and Numbers，ICANN）。其次是联合国所设的网络空间治理下属机构——国际电信联盟（International Telecommunication Union，ITU）和信息社会世界峰会（World Summit on the Information Society，WSIS）。国际互联网协会、因特网网络体系结构委员会、电子电器工程师协会（Institute of Electrical and Electronics Engineers，IEEE）、世界知识产权组织（World Intellectual Property Organization，WIPO）等也具有一定的知名度和影响力。这些机构从各自的领域出发参与网络空间的治理。

ICANN 最初是由组织与个人结成的比较松散的网络治理联盟。它与美国商务部共同建立了一份备忘录，商务部从本国安全与政治利益出发，列出了与政府相关的一些优先项目，或根据某一时期内的政治目标来做备忘录，而 ICANN 必须根据备忘录执行相关任务，尤其是与根区文件相关的事项。从本质上来说，ICANN 是一个私营企业，美国政府对其具有控制权。同时，这一私营企业也具有政策制定权，而且能对全世界的互联网标识符体系产生核心影响力。斯诺登事件之后，美国的商务部放弃对 ICANN 具有的直接控制权,转而由相关利益方共同进行治理。

国际电信联盟(ITU)是联合国非常重要的一个专门机构,其主要的控制权在欧洲,该机构实行一国一票的投票制度。它主要管理信息通信技术方面的事务,全球无线电频谱以及卫星轨道资源均由ITU分配。此外,ITU在国际标准的制定方面还有一定贡献,全球电信标准主要由该机构来发布。它为电信技术较为落后的发展中国家提供技术援助,在推动国际电信事业进步方面发挥了重要的作用。该机构在业务管理、行业主导、议题方向、业务汇流以及会员基础等多个方面与ICANN存在极大矛盾,两个机构之间的竞争是非常激烈的。

域名系统(DNS)是解析器与域名服务器共同组成的一种计算机系统,这一系统采用的是与目录树类似的一种按等级排列的结构。DNS是一个资源查找系统,可以查找根区域文件与域名,每天可提供数亿次互联网资源查询与定位服务。DNS对互联网中央权力机构进行定义,因此在管理中具有明显的等级属性,国际社会一直反对美国单独掌控顶级域名配置。之所以要争夺DNS的控制权,主要是因为于DNS本身在互联网治理中具有基础性,其设计的特征就具有等级架构。按域来划分互联网名称的集中管理职权,在集中域名管理中增加次级管理层。域名系统对互联网治理形式具有重要的影响。

中国是国际社会当中的一员,积极参与全球网络空间治理的各项合作。2016年,中俄发表联合声明,指出网络综合治理的主要目标是构建"和平、安全、开放、合作"信息网络空间新秩序,首要原则是尊重各国的网络主权,尊重不同国家的文化传统与社会习惯。声明中还指出,中俄要立足经济、科技与人才、跨境网络安全三大领域开展合作,重新构建两国在网络空间的战略伙伴关系。截至目前,我国已筹办多届全球范围的互联网大会,邀请各国的政府要员、互联网专家参加会议,一起探讨互联网全球共享平台的构建问题。由于国际上对于网络空间的治理存在诸多争议和分歧,中国想通过互联网大会使各国达成共识,以此为基础展开合作,最终实现共赢。互联网大会是各国针对网络治理进行集中讨论的平台,大会的议题范围非常广泛,"治理"只是其中的一项。除此之外,还涉及新型网络技术的推广与应用等问题。虽然近几年各国关于互联网治理的合作在不断深化,但全球治理的复杂性限制了合作的广度与深度。

(二)网络空间治理的国际合作需进一步加强

近年来,针对网络空间的治理开展合作在国际政治和外交议程当中的重要性日渐凸显,双边合作与多边合作在不断加深,国际社会在网络治理方面的合作,由关于网络安全的局部的、低级别的对话升级为关乎国家安全的重要合作,成为外交的重心,各国均将网络空间治理的国际合作作为一项重要的外交工作。在各国的积极推动下,高层次、战略性的网络安全国际合作得以起步,全球网络安全合作步入新的阶段,以大国的双边合作为主,网络安全合作呈现出新局面。虽然网络空间治理方面的国际合作一直在深化,但全球范围仍存在互联网犯罪、网络文化渗透、网络战争等问题,这意味着网络治理的合作目前还不到位,需要进一步深化。国际网络综合治理过程中存在很多问题,主要表现为国际合作中缺少相应的规范与制度支撑、没有对应的国际性权力机构、治理主体多元化。

三、网络空间治理国际合作中有待解决的问题

美国政治学家罗伯特·达尔(Robert Alan Dahl)认为:"要保证治理的有效性,必须形成相应的权力机构、法律规定、制裁手段与管辖区域,否则治理工作就会面临种种障碍。"笔者依据达尔提出的标准,分别从网络空间的治理主体、治理对象以及具体实践等三个方面指出了网络治理有待解决的问题。这些问题限制了网络的全球治理,使网络空间全球治理困境重重,网络空间的安全不能得到保证。

(一)治理主体的多元化导致决策权相对分散

不同的行为主体具有不同的特性,利益相关度与治理成本不相同,再加上缺少权力机构的指导与管辖,导致网络空间出现问题时各方很及时难实现高效合作,即使某些方面进行了合作,涉及的领域往往是有限的,而且协议达成的时间周期较长,由于网络环境是瞬息万变的,这完全不能满足网络治理的实际需要。

对国家这一行为主体而言,影响其在全球网络治理活动中的参与度的主要因素是博弈者的特性和利益关联程度。经济发达的

国家,网络技术比较先进,在网络运行与管理控制当中具有明显优势,因而在网络空间的治理中具有较高的参与度。而欠发达国家参与全球网络空间治理的程度较低,这主要是因为利益攸关度低,一些国家甚至没有基础的网络设施,没有发言权,因而缺少参与热情。有些经济落后的国家虽然有基础性的互联网设施,但由于参与全球网络空间治理需要很高的成本投入,国家无力负担,因而无法参与。

非国家行为体参与全球网络空间治理,主要利用技术优势和议程设定对治理过程施加影响,但是它们的利益关注点不一致。比如治理工作组强调多元利益攸关的成员结构,工作组成员包括私营企业的代表、计算机专家、公民代表等。私营企业代表重点关注的是经济方面的议题,如网络知识产权问题。而计算机专家关注的是怎样对网络技术的应用实现规范化管理。普通公民最关注的是网络安全与数字鸿沟,但他们只有发言权,对于最终决策的影响力非常有限。[①]

(二)相关机构的缺失影响了治理效率

全球网络治理需要设置统一的机构实现统筹管理与协调,但实际上并没有成立相应的机构,团体或机构掌握着最终决策权。国际互联网络是分散式无中心结构的,全球网络空间没有统一的管理机构和直接控制者。网络世界无中心状态是当前网络社会呈

————————

① 王艳:《互联网全球治理》,中央编译出版社 2017 年版,第 18 页。

现出新特点,与现实社会由国家系统管理的状态形成了鲜明的对比。

目前,负责网络空间治理的有关机构对于特定议题具有权威性,但对于全球的网络治理并不具备决策权,目前还没有形成权威的国际互联网统一国际管理机构。现有的一些国际机构只是负责部分网络治理工作,管理权可控制权相对单一。例如,ICANN 负责互联网名称和数字地址的分配,ITU 管理信息通信技术方面的事务。全球无线电频谱以及卫星轨道资源是通过 ITU 分配的,它在各国政府与私营部门之间具有纽带作用,也是世界互联网高峰会议的筹办与负责机构,ITU 与 ICANN 在全球网络治理的诸多方面是竞争关系,存在很多矛盾。全球知识产权组织(WIPO)则是联合国针对全球知识产权所设的论坛,由联合国领导和管理,主要针对网络知识产权开展服务,推出政策、提供信息。这些国际机构的职能范围是固定的,尽管不同机构在工作职能上存在交叉,但网络空间的活动是纷繁复杂的,一旦爆发安全问题,其传播速度非常快,影响面也非常广。不同机构无法实现有效联通和高效合作,导致治理效率低下。

（三）国际网络规范缺失使治理呈现碎片化

全球网络治理有效合作有三大特征:①参与治理的行为主体是自愿开展治理工作的,这保障了网络治理的合法性。②不同行为主体基于对治理目标的认同和治理承诺而达成合作。③合作的结果对各参与者应当是有利的。由于国际社会没有建立实施统一管理的权力机构来作为管理者,加上各行为体利益攸关度不同和博弈者的特征不同,现阶段的治理没有形成各国公认的国际化管理机制。

确立共同的行为规范,是保证合作有效的关键。对参与合作的行为主体而言,规范具有两个方面的作用:①约束作用,规定参与国际合作的各方具有的基本权利和义务,明确行为规范。②建构作用,行为规范能够使参与者形成争取的观念,应通过有效的机制增进各国对网络治理的认识,进而形成合作意识,能够积极参与网络治理,为用户的网络安全提供公共服务。政府的政策对于公共产品的供给情况具有决定性的影响,对于企业以及国际组织参与国际网络治理具有一定的激励作用。

由于国际规则的缺失,各行为主体为了在规则制定中掌握话语权,注重自身在未来国际社会当中的定位,为了彰显本国在网络综合治理当中的重要性而展开博弈,导致治理体系混乱,呈现出碎片化特征。网络空间治理碎片化的表现主要是频繁召开各种主题的国际会议。由于参会的成本较高,限制了一些国家的参与,而主要的参与国是在国际上具有资源优势的国家。各类主题国际会议的召开过于频繁,有时会出现重复讨论的情况,而通过会议达成的协议也缺少系统性,具有碎片化特点。

第二节　现阶段全球网络空间
治理的博弈焦点

当前,全球网络空间治理的主体是国际机构与区域组织,一些非营利机构具有一定话语权,其在治理活动当中的影响力并不弱于主权国家。针对网络空间的属性、网络资源及关键性基础设施的分配、网络空间治理模式等重要议题,国际上还没有达成一致的意见,不同的治理主体开始就网络空间的主导权展开博弈。博弈集中在五大领域:制度层面和经济层面的博弈:反映了各参与主体在网络治理中的利益攸关程度;技术和价值观层面上的博弈:主要反映了博弈者的特性;实践层面要对博弈者特性、利益攸关度、治理成本等进行综合考虑。在全球网络治理当中,各行为体的特性和利益攸关度往往决定着其所投入的治理成本。

一、技术层面:争夺关键互联网资源的控制权

网络空间中关键的互联网资源,指的是互联网名称与地址、域名系统与自治域,只有具备了技术优势,才能掌控关键的互联网资源。掌握关键互联网资源是接入互联网的一项先决条件,其底层技术与网络管理的等级结构、全球唯一性等密切相关。虽然关键互联网资源是全球分配的,但网络空间治理的架构需集中进行协

调。另外,互联网地址属于稀缺资源。作为访问网络关键资源的地址,它有权对网络用户的地址实现控制和分配。因此,具有关键性的互联网资源的控制权,也就意味着在国际社会中具有了真正的权力。

要分配关键的互联网资源,就要具备互联网核心技术。因此,具有关键互联网资源的控制权,就等于掌握了计算机的核心技术,这是网络空间治理中的一项实际成本。实际上,很多参与网络治理的主体并不具备这一重要成本。怎样对关键互联网资源进行分配,是全球网络空间治理中争议时间最久的一个议题,这些资源与世界经济的发展、国家社会的安全密切相关,牵涉各国的核心利益。因此,各类行为主体之间针对这个问题的争议从来没间断过。

二、经济层面:争夺网络知识产权

网络空间治理的经济层面主要包括数字经济、人工智能、知识产权、共享经济等领域,国际博弈中的焦点主要是网络知识产权。这是因为在网络空间治理的博弈中,网络知识产权(也称数字知识产权)涉及的利益往往较大。网络数字化迅速发展,各种知识产权都可能转化为网络知识产权,这不仅包括计算机软件与网络数据库,还包括网络空间当中的数字化作品及数字化版权等。①网络知识产权具有非常广的外延,用户使用的媒体资料库、电子邮

---

① 王艳:《互联网全球治理》,中央编译出版社 2017 年版,第 67—70 页。

件,以及个人电脑里的软件、文档、个人相册等,都受知识产权法的保护。

　　未来,知识产权的发展趋势是,国家、社会及个人会更重视网络知识产权保护。用户将提供版权与专业信息,国际网络治理中会控制用户的 IP,国际竞争的压力会进一步增大,而当前的管理架构还无法应付未来网络知识产权的发展。互联网环境是瞬息万变的,传统形式的作品会越来越依赖网络渠道进行传播,也会出现更多关于知识产权的纠纷。另外,网络知识产权往往涉及一国内政,由于不同国家的法律规定存在差异,这使网络治理的难度大大提升。

三、制度层面:在互联网标准制定中的博弈

　　互联网的正常运转离不开通用技术标准语言与网络活动的行为准则,互联网标准在互联网领域中具有权威性,由相应的机构完成政策制定并向用户推出。互联网运行需要众多标准提供支撑,TCP/IP 协议、联网标准、图片文件标准、音频文件格式等都是互联网标准。网络空间治理必须按照统一的互联网标准进行,互联网标准包括技术标准和网络行为标准。由谁掌握关键技术? 由谁制定标准? 在网络全球治理中,参与互联网治理的各种主体之间的竞争非常激烈,因为互联网标准与各方的利益密切相关,各方在参与治理时具有较高的偏好强度。互联网标准给不同的行为体带来的利益是不同的,有的主体享有专利权,有的主体则通过这些标准

获得了先行优势。当前,大部分的技术标准由私营企业及非政府机构来制定,最终应用于网络实践活动。因此,在全球的网络空间治理中,非国家行为体得益于技术赋权,参与意愿极强,其影响力是不可忽视的,其在国际社会当中的话语权也在不断提升。

考虑到治理成本,关于网络空间规章制度制定的方面的竞争也更为激烈,改变互联网标准要投入极高成本,标准一旦实际执行,便会对公共利益产生很大的影响。在制定国际标准时,各参与方的最终目标是可以带来经济利益,增加本国的国际影响力,提升国际话语权。各国在网络空间的标准制定过程中进行博弈,尤其是经济、科技发展较快的国家,与本国利益相符的国际规则会对其产生显著而深远的推动作用。

四、价值观层面:各国关于网络主权及网络自由存在分歧

由于各个国家的政治制度、历史文化存在差异,对网络空间认知也存在区别,博弈者的不同特性使竞争态势加剧,为全球的治理带来了困难。

(一)网络主权的认知存在分歧

目前,关于网络空间的属性认知方面存在两种争议,即"全球公域"和"国家主权"。这一种博弈主要在国与国间展开,对于网络属性的认知并不是国家行为体和非国家行为体矛盾的焦点。各

国为加强本国民众对网络主权的认同,纷纷推出了国家网络空间法规和网络空间战略,首先在国内为网络主权的合法性奠定基础。

"全球公域"的概念由美国提出,这一观念认为,网络空间是全球公共虚拟空间,世界各国的安全与繁荣都要依赖这一领域,网络空间不应受任何一国单独支配。首先,全球公域不涉及陆地,不属于任何一个独立国家的主权范围,这是美国一直坚持的网络治理战略。其次,给全球公域带来危险的并不是有形的敌人,也不存在固定对手,面对威胁时,要综合运用多种手段,包括政治手段、经济手段、军事手段与外交手段,需要所有的利益攸关方积极参与。网络综合实力较强的国家均坚持这一观点,这些国家的网络空间方面的技术基础、国家网络战略规划及全球网络治理能力都比较强,拥有技术专利权,在网络标准制定中掌握话语权,具有先发优势。这些优势与网络空间的隐蔽性、虚拟性、非区域性等特征相结合,使"全球公域"价值认同发展成了国际主流,以美国为首的一些西方国家坚持这一观点。

另外一种观点与"全球公域"是针锋相对的,认为网络空间是以网络基础设施为基础建立起来的,这一空间是虚拟的,但空间载体是真实存在的,存在于不同的国家和社会,有着非常明确的主权。主权国家具有促进网络发展、维护网络空间安全与稳定的职责,同时也具有依法管理网络空间、保护网络空间的安全、打击网络犯罪行为的权力。由此来看,网络空间并非"全球公域",因为网络空间与国家主权相关。持这一观点的主要为发展中国家,这些国家在网络技术方面不具备优势,在与网络空间相关的议题上很难掌握话语权。一些发达国家基于先发优势,常常从本国政府及利益集团的利益出发,来制定网络空间的标准,还通过网络对于发展中国家在政治方面实行渗透,这威胁着发展中国家的安全。因此,发展中国家提出了网络空间具有"主权属性"。坚持这一观点的国家在网络关键技术上不具备优势,中国、俄罗斯是典型代表。2011 年,中国、俄罗斯、乌兹别克斯坦、塔吉克斯坦四国,共同在第 66 届联合国代表大会上提出了《确保国际信息安全的行为准则草案》。该草案指出:为避免一国基于自身在资源、关键网络设施、核心技术等方面的优势,对其他国家的政治、经济以及社会安全带来威胁,应由联合国对网络关键的基础设施进行监督管理。

(二) 对于网络自由的认知存在分歧

除对网络属性存在认知差异以外,各行为体对网络自由存在更大的认知分歧,呈现出了多重博弈。由于博弈者特性和利益攸关度的不同,不同国家对网络自由有着不同的理解,政府、各类组织以及普通公民之间也存在着非常突出的矛盾。

首先,西方国家对网络自由的理解不同于发展中国家。民主国家的所谓的网络自由是指上网无障碍、信息内容低限制、用户权利受保护。而发展中国家强调的网络自由则是一种相对自由,需要理性的制约,这种自由是以法治和道德为前提的。西方国家主张公民权利是神圣不可侵犯的,发展中国家则出于体制特性在网络治理中实行严格的审查制度,其网络自由程度低于民主国家,大多数西方国家受制于民众和法律,审查制度较为严格的法案一般都不能通过。网络的安全审查制度主要包括两大方面的内容:技术审查与内容审查。信息技术与网络服务同公共利益甚至国家安全密切相关,是审查的主要对象。对于技术的审查实施起来比较困难,主要是因为网络环境具有隐蔽性,不少信息技术类的产品会利用相关技术在程序后端植入秘密软件,窃取用户信息,或通过这种方式对用户的系统施加控制或进行干扰。① 内容审查涉及网络环境中的言论自由。民主国家提出,公民有绝对的表达自由,网络信息内容可自由流动、传播,政府无权限制民众的言论自由,不能在互联网的架构中设置控制点,采用软件或硬件截断信息内容的生产、发布与分享渠道。② 发展中国家针对言论自由制定了一套系统化的审查制度,用户的言论自由并非无节制的,通过严格的审核制度严格控制网络信息传播,避免破坏社会安定、民族团结、违反法律规定、煽动性的言论和危害国家安全的行为及信息在网络中扩散和传播。

其次,同一国家中不同类型的网络主体对于网络自由在认知上也存在较大分歧,尤其是西方国家。西方国家的政府部门也想进一步拓展自身在网络空间中的权力,以此提升政府执政的能力。虽然政府通过法律甚至在竞选时均会宣称公民有充分的网络自由,实际上却通过议案、政企合作暗中监控民众及相关利益团体的网络活动。另外,社交媒体对政府权力的反抗,脸谱、谷歌等常向

---

① 杨子伟:《网络安全审查制度》,《法制博览》2016年第9期。
② 劳拉·德拉迪斯:《互联网治理全球博弈》,覃庆铃、陈慧慧等译,中国人民大学出版社2017年版,第245—246页。

外界披露拒绝向政府部门提供大量客户隐私及数据的事件。西方国家的宪法明确了政府不能侵害公民的权益,互联网对政府具有非常显著的制约和监督作用,公民反对政府在网络空间对用户进行大规模的监控,对于政府实施监控表现出极低的容忍度。而在大多数的发展中国家,政府对于网络空间的控制权是广泛而又集中的,民众对网络自由没有全面的认知,而且有些发展中国家还没有实现网络的全面普及,缺少保证网络自由的硬件设施。

对网络自由的理解存在差异,是引发网络空间国际治理竞争的重要原因之一。这本质上反映了不同文化和价值观念的差异。往往一国的价值取向对于网络治理的组织框架和制度法规的制定具有决定作用,这也是限制网络空间全球治理有效性的重要原因。

五、实践层面:网络空间的治理模式、治理平台方面的竞争

由于治理主体在对于网络空间属性和对自由的认知和理解不同,导致各国在治理中采用的模式和平台也不相同,这是国际网络空间的全球治理中难以达成共识的关键。在全球的网络治理中,关于治理模式主要是"多利益攸关方"与"政府主导型"模式的博弈。[①]

互网络在治理初期采用的是网络专家进行专业管理的模式。

---

① 鲁传颖:《试析当前网络空间全球治理困境》,《现代国际关系》2013 年第 11 期。

随着各种管理机构的诞生,ICANN 逐渐取代专家管理,之后的网络治理模式一直围绕 ICANN。尽管此模式能保证了全球网络秩序的管理具有最高的权威,甚至一度被认为"比任何已知的选择更好"①。但这一模式的制度安排引起了坚持网络自由人士的不满,也遭到了发展中国家的反对。网络自由主义者认为对互联网进行集中管控,是与早期的管理模式相背离的,违背了互联网自主治理、自由结盟和技术中立等基本管理原则。发展中国家提倡国家主导的网络空间管理实践模式认为,各个主权国家应将国家权力延伸到互联网领域,而不应把管理和决策权交给由美国政府监管的私营企业。

"多利益攸关方"的治理模式提出,网络空间包括各种行为体,由国家行为体、公司、非政府组织、学术团体和个人用户共同组成,政府很难按照管理现实社会的方式对网络空间实行管理,除了政府之外,其他各类行为体对于网络空间的开放、透明、发展等具有同等重要的作用,其影响力并不比政府弱。② 因此,对网络空间的治理需要依托各类非政府主体的参与,需要建立在"多利益攸关方"这一治理模式上,主要治理平台是同 ICANN 性质一样的机构。在这种管理模式下,对于网络治理当中的事务,上至国家,下至普通民众,均具有平等的投票权。美国众议院就"管理互联网的国际协议"召开了听证会,众议院与参议院通过了政府支持并

---

① 弥尔顿·穆勒:《网络与国家:互联网治理的全球政治学》,周程等译,上海交通大学出版社 2015 年版,第 7、72—75 页。

② 王艳:《互联网全球治理》,中央编译出版社 2017 年版,第 5 页。

维持互联网治理的"多利益攸关方"模式的提案。①

"政府主导型"模式认为,在网络空间治理中,各国政府是最主要的行为体,在网络空间中履行着国家职能,保证信息基础设施安全运营,为网络安全提供支撑,管理网络环境中的信息,依法打击各种网络犯罪活动。以国家为主的多边平台是政府主导型治理模式的主要平台,主权国家具有核心决定权。以中国、俄罗斯为代表的部分国家支持在网络治理中必须充分发挥政府的监管职能。

"多利益攸关方"治理模式在技术上持续精进,使非国家行为体发挥着越来越重要的作用。这一模式具有较强的操作性。支持这一模式的行为体认为,如果将政府主导模式作为全球治理标准,政府就具有了合法权力,从而具备了掌控信息的权力,导致网络空间丧失言论自由,用户的基本权利得不到保障。此外,还会给全球范围的经济贸易自由互动带来负面影响。同时,还会阻碍科技创新。以政府为主导的国际组织不可避免地具有体制化弊端,运行效率低,而网络空间中各种问题的解决具有较强的时效性要求,当网络治理中遇到问题时,决策机构要能够立刻做出反应。提倡"政府主导型"模式的国家认为,发达国家与发展中国家存在信息技术鸿沟,发达国家由于技术优势在国际标准的制定方面具备话语权,而发展中国家要支付高额版权费,不具备保护本国信息安全的能力,所以互联网治理应以国家主权为出发点,通过国际法保证

---

① 劳拉·德拉迪斯:《互联网治理全球博弈》,覃庆铃、陈慧慧等译,中国人民大学出版社 2017 年版,第 21 页。

一国核心利益。支持不同模式只是表象,背后的国家体制、制度体系、公民基本权利、法律框架、价值取向、文化传统等才是引起分歧的根本原因。这种结构性矛盾是不可调和的,这导致网络空间治理的进程发展势头很强劲,但国家之间的合作深度与广度没有得到进一步的扩展。

网络空间反映着现实世界,网络治理的博弈实际上是各主体价值观的冲突与国家权力的较量。网络治理规则的颁布,意味着不同行为体的能力与影响力实现了重新分配。随着管理权力的分化与整合,率先认识并有足够资源去把握这种发展趋势的行为体,便获得了强大主导性的权力,而反应慢、资源不足的行为体,处于权力流失的不利局势。

第三节　我国在全球网络治理中的应对方案

前文分析了当前全球网络治理过程中存在的问题以及国际博弈的焦点问题。中国是国际社会中的一个重要成员,一直积极参与空间治理的各项国际合作,并取得了一定的成就,但在全球网络治理当中也存在国际共通的问题。从我国当前的国情来说,在全球网络治理中存在短板,主要表现在两方面。一方面,我国参与国际网络治理在技术和工作方案上缺少优势。另一方面,随着我国的国际地位得到显著提升,在网络的国际治理中的话语权需要加强,针对网络治理制定的方案、倡导的方法有待有效推行。针对这一问题,笔者提出了相应的解决方案,同时结合当前我国在网络全球治理过程中取得的成果,坚持网络空间中的国家主权。以此为基础,与国际社会共同努力,通过创新管理手段实现网络空间的良性发展,与各国共同打造网络空间这一"命运共同体",使网络治理呈现出新秩序。

一、我国网络空间发展的现状

1987年9月,我国首封电子邮件发送成功,标志着我国的民众开始正式接触互联网。1994年,我国正式接入了国际互联网,同年还创设了中国教育与科研网,成为全世界17个具备全功能因特网的国家之一。中国是人口大国,网民数量众多,形成了非常庞大的信息网络空间,因此对网络空间的安全性具有更高要求。近几年来,我国在网络空间的治理上取得了一定成效。当前,要实现高效的网络治理,首先要明确网络空间治理面临的主要问题,需要对网络管理工作的实际情况进行深入剖析。

当前,互联网已成为一种重要的社会生产工具,是实现科技创新的一个重要手段,指导着产业的转型升级,为人们参与政治生活提供渠道,为社会公众提供各种类型的公共服务,是大众传播的一种主要方式,给大众的工作、生活、学习带来了极大便利。全面推动政治、文化、经济等的发展,推动社会主义建设,在促进社会稳定发展方面发挥着关键作用。需要说明的是,互联网为社会带来的一系列积极影响的同时,也产生了一些负面影响。各种网络安全问题、网络犯罪活动的出现,威胁着社会的稳定与和谐,阻碍了社会的发展,给社会管理带来了诸多挑战。

二、我国在网络空间治理上的主要问题

(一)缺乏核心技术

我国网络信息安全专家吕述望教授提出,目前中国还没有独立的互联网,虽然我国网民众多,但只是一个"互联网用户大国",算不上"互联网大国"。吕述望教授认为,独立互联网是有两个以上分别拥有一个主根并能平等链接的网络,不存在上层根。当前我国应用的互联网主根服务器在美国境内,是由美国主导的国际网,通常称其为"USA-i-Net",我国的用户名域为".cn",受控于美国的主根服务器,我国所用的 IP 地址也是从美国购置的。我国引以为傲的"IPv6"工程并不能完全解决国内的互联网安全问题,它仅仅是对国际互联网进行了改造,中国只有制造出主根服务器,才能使网络连接实现平等。

近年来,我国的网络技术得到了快速发展,在国际上的声誉不断提升,但是软硬件系统与网络设施还要依赖进口。中国的互联网技术仍处于初级发展阶段,很多核心技术依然没有掌握,这导致我国在全球网络治理中缺少核心竞争力。

（二）全球对网络主权概念尚未达成共识

当前国际互联网正在快速发展，世界一体化进程明显加快，网络治理坚持主权原则显得尤为重要。目前的网络治理中，各国尚未对主权原则形成广泛共识，西方国家一味强调网络自由，反对国家主权原则。网络安全对于国家安全与社会稳定有直接影响，只有保证网络环境安全、有序，国家才能一步步稳定发展。《中华人民共和国国家安全法》对"网络空间主权"进行了详细阐述，明确规定以《联合国宪章》中的规定为核心原则，在网络空间治理中应坚持国家主权原则。中国有权通过立法与司法相结合的方式对本国互联网实行管理。各国政府都有权根据本国国情制定并实施互联网管理的公共政策。任何一个国家都不能运用网络干扰他国内政或损害他国利益。

三、我国的全球网络治理方案

（一）打造网络空间命运共同体

中国应坚持开放的态度，积极参与网络治理，为网络空间安全提供有益的公共产品。2015 年 12 月 16 日，在第二次世界互联网大会上，习近平总书记阐明了推进全球互联网治理体系变革应该坚持的四项原则，并针对网络空间治理提出了构建网络空间"命运共同体"[1]的

---

[1] 《习近平关于网络强国论述摘编》，中央文献出版社 2021 年版，第 159 页。

五点主张。我国积极维护全球网络空间的安全,不但追求利益共享,还提出了共同治理,实现职责共担,反对信息监控、技术垄断,各国应共同维护网络空间的安全与稳定。

为形成科学的网络治理机制,各国应针对网络治理的相关合作达成共识。中国积极促成相关行为体的对话与合作,使各类治理主体实现顺畅沟通,消除隔阂,减少对抗。我国与俄罗斯合作,针对网络安全定期进行演习,组织网络军控方面的谈判,并与多个国家和国际组织签订了协议。通过政府牵头促进企业之间、社会组织之间的合作,共同抵制滥用信息技术的现象,一起应对网络攻击、网络诈骗、网络监听等问题,维护网络安全。

在实施"一带一路"倡议过程中,中国将网络建设作为关键任务之一,在建设网络空间命运共同体方面已经取得了不错的成果。中国在尊重各国网络主权的基础上,增加了资金和技术投入,尤其是在非洲国家,实现了沿线国家的网络互联,在亚洲的各区域乃至亚、非、欧之间构建了网络基础设施,推动网络基础设施实现全球共享。

（二）积极构建网络治理体系

在建设网络空间的治理体系时,发展中国家仍然缺少话语权,由于技术能力不足,缺少相应的治理成本,因而在全球治理中的影响力非常有限。中国在网络技术标准、互联网资源的分配以及互联网公共政策三个方面作出了努力。尤其是在技术标准上,中国将自己的技术创新成果上升至国际标准,为广大发展中国家在全球网络治理中发挥应有作用奠定基础。

中国主张改变当前的全球网络架构,由各利益攸关方共同治理转变成政府主导的模式,坚决抵制任何国家通过网络干涉其他国家的内政,主张国家之间积极开展有效合作。中国通过法律和政策的落实来保障各方的合法网络权益,促进网络争端友好解决,建立行之有效的调停与磋商制度,避免冲突的发生,预防网络世界成为新战场,利用科学的方法打造安全、和谐、合作、开放的网络空间,建立民主、透明的多边网络治理体系。

(三)充分尊重各国的网络主权

我国始终坚持在国际网络一体化进程中遵循网络空间主权的原则,各国应互惠互利、相互尊重。网络空间主权指的是一个国家可在网络空间独立自主地处理与本国有关的事务,具备网络建设与运营、维护与使用、监督与管理等方面的所有管辖权。网络空间主权包括网络资源配置的自主权、国内网络技术标准的制定等,在网络运行过程中有权实施监管与审查,以确保本国网络的安全性。贯彻网络主权基本原则,有利于实现全球网络的有效管理,明确各方在网络环境中的责任与权利。同时,也能推动各国在政府、企业和社会团体之间搭建互动平台,促进信息技术稳定发展,推动国际交流与合作。

(四)争取全球网络治理领域的话语权

为提高我国在网络治理领域的话语权,国家积极提出网络综合治理的倡议和方案,积极为国际对话搭建平台,促进各国有效达成共识。从 2014 年开始一直到今天,由中国倡导的世界互联网大会已连续举办多届,目的是通过会议提出有效的全球网络管理方案,积极地提升在网络空间治理上的话语权。2017 年,我国推出了《网络空间国际合作战略》,这一战略体现了我国身为网络空间创建者、维护者以及管理者的职责和担当。文件中首次针对网络空间问题提出了中国的合作策略,指导我国参与网络空间的国际沟通与合作,同国际社会一起努力,实现对话合作,打造更安全的网络空间,保证网络秩序,打造完善的网络管理与控制体系,促进全球的网络空间获得良好发展。

(五)不断提升网络核心技术的研发能力

高新技术为综合国力的提升提供根本动力,在网络空间的治理中需要依赖过硬的技术研发力。网络技术是全球技术研发中投入最集中、创新最活跃、应用最广泛、辐射与带动作用最明显的领域,是全球各国技术创新的焦点。我国必须大力支持并推进高新技术的发展,网络核心技术应达到全球领先水平,不再依赖国外技术,推进互联网产业实现自主化,紧握国内网络的控制权。同时,对自主研发的各种网络技术与设备进行大力推广,实现网络技术国际化,为国际网络治理源源不断地提供各类必需的公共产品。

坚持网络技术创新发展。互联网时代,只有加快网络技术的自主创新,发挥数字技术对经济的推动作用,才能逐渐消除发展中国家与发达国家间存在的"信息技术鸿沟"①。为保持本国核心技术方面的优势,获取市场利润,发达国家对高精尖技术通常都会采取非常严密的知识产权保护政策,导致发展中国家只能付出高额成本才能获得其使用权,根本不可能获得相应的红利。

　参与网络空间治理体系的建构时,中国处于一个特殊位置,需要通过自身努力来弥合发达国家、发展中国家之间在技术和治理能力方面的差距,因此中国将面临很大挑战。现阶段的网络空间治理平台以及各项主要规则体现的是以美国为代表的网络自由主义的治理理念,大部分参与治理的主体支持"多利益攸关方"模式,中俄共同倡导的政府主导的治理模式会面临重重困难。虽然我国的互联网得到了较大程度的发展,但面对的主要是国内市场,绝大部分都是国内的用户,在国际上的影响力非常有限,在调节世界范围内各主体在网络环境中的利益诉求上,仍然需要深入探索。由于我国的网络审查制度要比大多数发展中国家更加严厉,提出的相应治理制度被国际社会接受的程度有限,且制度的适用范围上也面临困境。

①　赵磊:《"一带一路":一位中国学者的丝路观察》,人民出版社 2019 年版,第 113 页。

第四章　坚持推进网络治理法治化

2019 年 10 月 31 日，中国共产党第十九届中央委员会第四次全体会议通过了《中共中央关于坚持和完善中国特色社会主义制度、推进国家治理体系和治理能力现代化若干重大问题的决定》，以此推动全面提高国家治理效能。习近平法治思想是我们党治国理政的重大实践成果和理论创新。法治是国家治理体系和治理能力现代化的重要依托。习近平总书记强调，"要坚持在法治轨道上推进国家治理体系和治理能力现代化"[①]，"只有全面依法治国才能有效保障国家治理体系的系统性、规范性、协调性、稳定性，才能最大限度凝聚社会共识"[②]。我们要深入贯彻习近平法治思想，系统总结运用新时代中国特色社会主义法治建设的鲜活经验，不断推进理论和实践创新发展，进一步提升法治促进国家治理体系

[①]　中央全国依法治国委员会办公室：《中国共产党百年法治大事记（1921 年 7 月—2021 年 7 月）》，人民出版社、法律出版社 2022 年版，第 322 页。

[②]　中共中央宣传部：《习近平法治思想学习纲要》，人民出版社、学习出版社 2021 年版，第 60 页。

和治理能力现代化的效能,努力建设良法善治的法治中国。在这种发展理念的影响下,网络治理也需要由以往的网络管理理念逐渐向网络治理法治化转变。

第一节　网络治理的理论和现实基础

一、网络治理理论

基于网络空间的虚拟性、平等性、跨时空性等特性,由此产生的网络化的社会组织结构和活动形式,对传统的社会管理模式带来了不小的冲击。网络技术迅速发展并渗透在社会各个领域。在这样的背景下,必须对政府、市场以及多元化的社会治理主体间的关系进行重新梳理,使其良性互动,在对网络的治理中实现优势互补。总体而言,网络社会对于传统的社会管理造成的冲击主要体现在两个方面:

(1)互联网环境中的信息传播方式给传统的社会管理模式带来了冲击。新的信息传播方式的出现,导致传统科层制的管理模式不再适合网络社会的运行方式。传统模式中的管理者与被管理者之间的界限逐渐模糊,影响和阻碍信息传输的壁垒被打破。网络社会的治理由传统的纵向管理变成了横向交互式的沟通与互动模式。

（2）信息技术应用及信息资源的流动使权力格局发生了变化,冲击着传统社会管理的根基。信息技术飞速发展,科学技术成为具有决定性影响的生产力,导致权力逐渐向科学技术拥有者以及信息资源的拥有者发生转移,政府的各项管理工作对于科技和信息的依赖度逐渐加强,政府不再具有绝对权威。网络社会的权力不再集中于国家、组织或象征性控制者,而是弥散于全球化信息网络中,在隐蔽的空间中不断流动。未来,社会管理对网络技术与信息资源的依赖度会日益提升,这对传统管理与统治的权力基础造成了冲击。

在网络时代,网络社会的治理已不再局限于传统的政府科层制结构,网络社会的治理要求我们摒弃传统公共管理中政府垄断与强制的特质,强调政府、社会组织、企业及普通个体之间实现协作,共同对网络空间进行有效管理,政府不能大包大揽管理网络空间的一切事务,而应成为社会管理的引导者和掌舵者。政府要不断探究新的管理方法和治理模式。随着网络社会不断发展,网络治理离不开多元主体的广泛参与。[①] 等级分明、自上而下的社会秩序并不是网络治理的有效模式,各类社会主体间密切合作才能实现有效治理,这是一种民主、多元、合作的公共治理模式。网络社会治理在民主性、时效性、开放性方面达到了前所未有的新高度。网络社会的治理要以科学的理论为基础,不断提升治理水平,保证治理的有效性。网络社会的特性要求政府管理理念应从"监

---

① 左文君、叶正国:《论网络规制模式的转换及其立法选择》,《学习与实践》2014年第12期。

管"转变为"治理"。网络社会对于国家政治安全、经济发展、社会和谐以及公民个人的权利均有非常重要的影响,治理网络社会,应建立一种法治化、常态化的科学模式。

二、网络治理的理论基础

(一)治理的理论

信息时代的特征通过网络社会具体体现,它通过对全球经济的影响,彻底改变以固定空间为基础的既有社会组织形式。[①] 网络社会治理模式并不是短时间内形成的,它经历了长期探索形成了坚实的理论基础。首先,随着对网络治理相关理论研究的增加,政府的管理模式渐渐发生变化,涌现了一系列探索打造良好治理体系的理论,这些理论中有许多是基于网络社会对治理提出的新挑战的研究而建构起来的,一系列的研究成果为网络治理提供了理论支撑。

20 世纪 70 年代,国外学者开始研究网络治理的理论,詹姆斯·罗西瑙是治理理论的创始人之一。他认为,治理不同于统治,政府并不一定是治理主体,政府的某些治理职能正由非政府的行为体履行。[②] 他还提出,治理中可以没有政府的参与,尽管管理者

---

① 曼纽尔·卡斯特:《网络社会的崛起》,社会科学文献出版社 2006 年版,第 43 页。
② 詹姆斯·罗西瑙:《没有政府的治理》,张胜军、刘小林等译,江西人民出版社 2001 年版,第 4 页。

未被赋予政府权力,但在其管理领域内也能有效发挥管理功能。[1]罗西瑙不仅提出治理主体应是多样性的,而且将"治理"视为网络管理的一种机制。

美国经济学家丹尼尔·考夫曼提出,治理是为了保证公共福利,通过正式的、非正式的传统和制度来行使权力,包括筛选、监控和管理的过程,需具备设计并实施科学、合理政策的能力,基于社会管理与经济管理的需要对国家和公民给予充分尊重。

美国学者詹·库伊曼与范·弗利埃特认为,治理的概念是,它所创造的结构与秩序不是通过外部功能强化的;要发挥治理作用,需要依靠多种统治的行为者通过互相影响的进行互动。

英国学者鲍勃·杰索普提出,治理有两层含义:①指公共事务管理中的任何一种独立的协调方式;②指不靠地位而是依据知识或实际作用而建立权威或实现组织功能。这两层含义密切相关且具有嵌套关系。

英国学者罗伯特·罗茨对治理理论的六种不同用法进行了精准概括:①作为国家基本的治理;②作为企业管理的治理;③作为新型公共管理手段的治理;④化为"善治"的管理;⑤作为社会—控制论系统进行治理;⑥作为网络自组织的治理。

英国学者格里·斯托克对治理理论作了系统梳理,对目前治理理论研究中五种主要的观点进行了概括:①治理的主体是来自政府但又不仅仅限于政府的社会公共机构与行为者;②治理意味

---

[1]　詹姆斯·罗西瑙:《没有政府的治理》,张胜军、刘小林等译,江西人民出版社2001年版,第5页。

着在解答社会与经济问题的过程中存在界限及责任上的模糊地带;③治理过程当中,凡与集体行为相关的社会公共机构间均存在权力依赖;④治理指行为者进行的自主自治;⑤政府在网络治理中有能力也有责任充分发挥应有的作用,可采用新的技术手段和新型工具进行引导与控制,但要保证治理高效,政府权力并不能发挥根本作用,而是应该通过科学引导发挥其权威性。

经过理论界长期的讨论和研究,全球网络治理委员会针对"治理"的定义给出了权威性的解释:治理指的是各种公共、个人和机构对事务进行管理所采用的方法的总和;它是一个使冲突或矛盾得到调和,并且使矛盾主体实现合作的持续过程;它包括强制性人们遵守的制度,也包括各种与人的利益相符的非正式制度。该委员会认为,治理的基本特征包括四大方面:①治理不是一套规则,也不是一次活动,而是一个持续的过程;②治理的基础不是进行控制,而是组织协调;③治理既包括公共部门,也与私人部门相关;④治理并不是一种正式制度,而是一种持续互动。

通过对治理理论及概念的整理可以发现,治理的含义为:在既定范围内通过权威来维持秩序,保证公众的需要能够满足;治理的最终目的是在各种不同制度背景下中通过发挥权威性去引导、控制公民的活动,使活动规范化,以充分保证公共利益。从政治学角度分析,治理是指在特定的领域内运用行政权力和政治权威管理公共资源、处理各类政治事务的过程。治理要求采用多元化的方式,政府在治理中扮演主要角色,其他各类主体应充分发挥自身的作用。官方与非官方在治理中实现合作、正式秩序和非正式秩序共同发挥作用、刚性管理与柔性管理的结合,共同促使网络社会实现有序运行。

(二)治理与统治相比更适合网络社会

"治理"和"统治"两个词,从表面看来一字之差,但是其含义却是天差地别,准确地区分两个概念,是正确理解"治理"的关键。从治理理论的产生过程来看,治理理论是人类在探索国家管理过程中发现传统政治统治或者政府管理存在弊端,是在对弊端进行探讨和反思的过程中产生的,是对传统统治理论的扬弃和升华。美国学者詹姆斯·罗西瑙对治理与统治的关系做了详细的辨析:"治理与政府统治并非同义词。尽管两者都涉及目的性行为、目标导向的活动和规则体系的含义,但是政府统治意味着由正式权力和警察力量支持的活动,以保证其适时制定的政策能够得到执行。治理则是由共同的目标所支持的,这个目标未必出自合法的一级正式规定的职责,而且它也不一定需要依靠强制力量克服挑战而使别人服从。换句话说,与统治相比,治理是一种内涵更为丰富的现象,它既包括政府机制,同时也包括非正式、非政府的机制。随着治理范围的扩大,个人和各类组织得以借助这些机制满足各自的需要,并实现各自的愿望。"①

通过上述分析可以发现,治理理念得到广泛认可后,政府管理与治理的含义存在本质区别。二者的区别是:①主体不同,政府管

---

① 詹姆斯·罗西瑙:《没有政府的治理》,张胜军、刘小林等译,江西人民出版社2001年版,第5页。

理的主体是国家机关,而治理的主体除了包含国家机关之外,还包括各类社会组织和社会个体。②权力的来源不相同,政府管理权力来自国家强制力,而治理权力则由参与治理的主体赋予。③权力集中程度不同,政府管理采用的是集权式,对公共权力实行垄断,而治理权力则分散在不同主体间。④权力运作方式不同,政府管理严格遵循层级制度,按照自上而下的结构落实权力,而治理中的各个治理主体有自主性,大多数情况下是通过合作、协商来实现共同的目标的,治理最主要的特点是实现了纵向互动与交流反馈。治理的核心是立足于规则进行多元互动,实现协调与合作。

三、网络治理的现实基础

(一)网络治理的现实必要性

随着网络的迅猛发展,海量信息在全球范围内迅速传播。以往只有有形因素威胁着国家安全,而网络时代各种无形因素给国家安全带来了更大的威胁。互联网的特性使社会的正常运行受到了不小的冲击,一些黑客对计算机网络和系统进行恶意攻击,严重影响社会稳定与国家安全。网络信息安全问题不仅会对个人、企业造成重大损失,甚至会使国家陷入危机状态。为了保证网络空间的安全,应将网络治理上升至国家安全战略高度。

互联网不断发展逐渐形成了网络社会,对于现实社会具有不可忽视的影响,如果任由网络权力肆意横行,其所产生的危害要远远比政府滥用职权带来的危害更为严重,因此对网络社会进行必要限制,通过法律和制度来规范网络行为具有现实必要性。

网络社会的结构与现实社会不同,这主要体现为网络社会中的权力具有分散性。权力分散是实现民主的一项必要条件,但权力过度分散可能会导致分裂。埃瑟·戴森曾提出:"网络既可以造福社会,也可以用于危害人间,实际上,放权是诱发不稳定的一股关键力量。"

从实际情况来看,国家一边强调网络自由,一边对网络施加控制,这样的双重策略是诱发不稳定因素的关键。美国学者凯斯·桑斯坦指出:"毫无疑问,网络上正发生着群体极化。网络是极端主义滋生的温床。得益于网络的便利性,志同道合的群体和个人可在网上非常便捷地沟通,互相抱团,屏蔽了与自身不同的声音。持续存在于极端立场当中,听取这部分人的意见,会逐渐被同化,最后会走向极端,导致网络社会出现分裂的现象,引起较大的混乱。"①

互联网的发展带来了双重影响:一方面,它促进了社会经济发展,给大众的生活带来了便利;另外一方面,个人隐私遭到泄露、个人信息被恶意篡改等问题也给社会管理带来了挑战。网络暴力、信息垃圾、网络犯罪等严重破坏了网络世界的秩序,网络诈骗、网络侵权等网络犯罪成为主要的社会问题。互联网具有的双重效应在知识产权领域得到了最直接的体现。各种新的信息技术为知识

---

① 凯斯·桑斯坦:《网络共和国》,上海人民出版社2003年版,第50页。

产权保护提供了便利,但同时也给知识产权保护带来了不利影响。人们在网络中获取资源是非常便利的,这导致版权更容易遭到侵害,但通过技术措施对版权进行严格保护,可能会给创新造成阻碍。当前,人们在充分享受网络发展带来的红利的同时,必须要解决技术发展带来的负面问题,消除网络技术带来的种种负面影响,这是当前的重要任务。

人类文明发展的历史证明,社会中任何一种新兴事物逐渐渗透到各个领域时,必须对其施加限制,这样才能保证良好的社会秩序。只有保证社会秩序,才能为各个领域的正常运转提供前提,特别是在网络社会,秩序显得尤为重要。政府部门进行的有效管制,是使网络社会保持秩序的方式之一。对信息活动采取必要的限制,是为了更好地利用网络信息。由于网络社会具有不确定性与突发性特征,这给现实社会造成了巨大的影响,加上网络中出现的各种犯罪问题,当前政府对网络进行治理是非常有必要的。

（二）网络治理的可行性

互联网处于发展早期阶段时,有外国学者提出了在网络中构建一个全新世界的设想。在这个世界中是没有国家权力,不设政府机构,也没有法律约束,是绝对自由的,而互联网技术是这个世界的唯一法则。用户可在网络世界做任何自己想做的事,充分享受由信息技术打造的自由空间。但随着互联网不断发展,之前的这一设想也发生了变化,尽管网络社会与现实世界有着明显的区别,有其自身的独特属性,但其本质上是通过人与人之间的互动而形成的社会性系统,一旦离开有效管制,就会逐渐陷入混乱。对此,苏永钦教授表示,历史的教训证明,自治可以让民间的活力得到充分释放,使资源利用的效益实现最大化,这是网络治理的必然道路;如果对网络社会放弃管制,各种社会问题是难以避免的。无论从理论研究角度,还是从网络社会实际的发展轨迹来看,要保证网络社会健康发展,政府必须在对其的治理中扮演主要角色,发挥引导和协调作用。实际上,社会发展的规律和网络社会具有的特性,加上网络社会对现实社会表现出的高度依赖,都表明网络社会治理是可行的。

第二节　网络治理法治化的路径

党的十八大以来,以习近平同志为核心的党中央建立健全网络法治建设的顶层设计机制,与时俱进地提出了网络法治建设的目标、路径、任务和要求,为加快网络法治建设提供了根本遵循。针对网络法治建设的这个时代任务,党中央加强顶层设计,就网络法治建设的战略目标和重大举措进行顶层谋划,由此开启了我国网络法治建设的新篇章。

一、网络治理需要更新法治理念

推进网络社会治理法治化的过程中,需要多种因素共同发挥作用,其中,法治理念是最为重要也是最基本的因素。网络技术不断进步,相应的治理理念也应及时更新,如果在网络治理当中继续沿用以往的法治理念,会给网络社会的法治化带来阻碍。因此,要实现网络社会法治化,首先要更新法治理念,以权力控制理念、以人为本的服务理念、公平正义理念为网络社会治理法治化的基础,贯穿网络社会治理立法与执法的全过程。

(一)加强权力控制

加强对公权力的合理控制,才能实现真正意义上的法治。在网络治理过程中进行权力控制,主要是为了避免有关部门在网络治理中过程中滥用职权,或怠于履行各项法定职权。最早系统提出权力控制论的是亚里士多德,他认为:“即使有时国政仍依仗某些人的智慧,这总得阻止这些人们只能在应用法律上运用其智慧,让这种高级的权力成为法律监护官的权力。”[1]直到今天,亚里士多德的权力控制论依然被广泛认可。权力控制学说一直在不断发展与完善。英国思想家洛克与法国思想家孟德斯鸠对这一学说作了进一步论述。洛克认为:“国家应该以正式公布的既定的法律来进行统治。”[2]孟德斯鸠认为:“有权力的人使用权力一直到遇到界限的地方才休止。”[3]权力具有扩张性和易腐性特征,对权利具有侵犯性。因此,必须对权力作出约束与限制,否则法治得不到真

---

① 亚里士多德:《政治学》,吴寿彭译,商务印书馆1965年版,第201页。
② 洛克:《政府论》(下篇),叶启芳等译,商务印书馆1964年版,第88页。
③ 孟德斯鸠:《论法的精神》(上册),张雁深译,商务印书馆1961年版,第154页。

正落实。

各国对于网络的治理都主张避免权力对于权利的侵害,而法治是最有效的方式。法治国家中,法律是有效限制权力的最佳手段。美国法理学家博登海默提出:"法律的基本作用之一仍是约束和限制权力,在法律统治的地方,权力的自由行使受到了规则的阻碍,这些规则迫使掌权者按一定的方式行事。"①网络社会治理中,为防止行政权力肆意扩张而侵害其他网络主体权利,必须在网络社会法治体系中贯彻权力控制的理念,通过法律规范政府的各项网络治理权力,避免政府滥用权力。同时还要防止政府在网络治理中缺位,使政府的权责明晰,防止相关部门不行使管理职权,而对网络社会疏于管理。

治理网络社会的法律体系对于政府管理权力的控制主要从两方面实现:①实质控制,通过法律条文规定政府在网络治理当中的管理权,保证政府的管理有法可依、有法必依,政府对网络社会行使管理权时要在法定范围当中进行;②形式程序方面的控制,政府行使网络治理权力,必须严格按照法定程序进行,只有程序正义,才能保证结果正义。

在网络社会治理过程中贯穿权力控制理念,将政府的职能与责任以法律形式确立下来,进而对政府的管理权力、管理行为进行约束,推动政府的职能实现转变,建设服务型政府。在实践中的具体要求包括以下几点:①对政府管理的权力范围及具体运行程序

① 博登海默:《法理学——法律哲学与法律方法》,邓正来译,中国政法大学出版社1999年版,第358页。

进行明确规定。②网络社会的各类型主体共同分担政府对于网络社会的管理权力。③保障网络中各主体的权利,用权利来制约权力。④以权力控制权力,实现权力控制的制度化。

(二) 坚持以人为本的服务理念

党的十八大以来,以习近平同志为核心的党中央高度重视法治建设,充分认识到法治是治国理政不可或缺、无可替代的根本保障,"法治兴则国家兴,法治衰则国家乱"。首先,习近平法治思想正是基于对中国共产党执政历程与执政经验的全面总结,深刻提出了全面推进依法治国要坚持以人民为中心的重要思想;提出坚持党对全面依法治国的领导,是中国特色社会主义法治的本质特征和内在要求等重要思想。其次,习近平法治思想对中国社会主义建设规律进行了深刻的总结,习近平总书记指出,"法治当中有政治,没有脱离政治的法治"①,深刻指出了法治与政治的内在联系,阐释了法治与政治的联系是法治实施的根本,通过良好法治体系的构建,推进法治社会建设,推动人类社会文明发展。以人为本是我们党执政和政府工作的出发点与落脚点,在治理网络社会的过程中自然要始终坚持以人为本的理念。具体来说,以人为本对网络社会进行治理,是指网络治理要将人的全面发展作为根本,在网络环境中充分发挥用户的积极性与主动性,促进创新与创造,使网络发展的成果惠及每个用户,让每一个人都能享受网络发展带

---

① 《习近平关于全面依法治国论述摘编》,中央文献出版社 2015 年版,第 34 页。

来的便利。网络社会的治理法治化过程中,必须坚持以人为本理念,以实现好、维护好、发展好最广大人民的根本利益为网络治理在立法、执法与司法等过程的出发点和最终归宿。以人为本是我国的政治基础与逻辑起点,是区别于其他政治体制的一项根本理念。网络治理法治化将以人为本当作一项基本理念,这对网络治理的主体、治理路径、治理目的等均提出了更高要求。

就网络治理的主体来说,强调以人为本就是要突出普通大众、企业和社会组织治理当中的重要性,让各类主体积极参与网络治理,政府要作为领导者充分发挥作用。政府是网络治理中的领导者,其权力是由人民授予的,故而政府在行使权力的时候必须将"满足最广大人民群众的根本利益"作为根本。坚持以人为本服务理念,必须改变以往政府作为唯一网络治理主体的情况,通过法定程序和规范来限定政府权力;完善相关的制度,通过法律确定其他各类主体在网络治理中的权利。

在网络社会的治理路径上,强调以人为本就要转变政府职能。政府要在网络治理中作为服务者,而不再是以往的统治者或管制者。要逐渐弱化政府具有的管理职能,将管理转变为服务,将保证人民利益当作衡量政府网络治理成果的指标。

关于网络社会治理的目的,以人为本服务理念明确要求将维护用户根本利益、促进人实现全面自由发展当作网络治理的根本目的。以人为本服务理念要求政府要为广大人民群众提供安全、有序、公平的网络环境,让每个人都能享受互联网技术给生活带来的各种便利,让全体人民分享网络技术发展的新成果。

（三）坚持公平、正义的理念

公平、正义对于促进社会发展有着重要意义,是人类社会的追求的最终目标。在网络社会的法治化治理中,公平、正义要求治理奉行"实现社会公平正义"的宗旨,网络治理中的立法、执法以及司法等环节都要以公平、正义为价值导向和最终追求。以公平、正义为网络治理法治化理念,提出了系列基本的要求:

（1）公平正义理念要求治理网络的法律体系必须是良法善治。良法作为法治的首要含义,要求关于网络的法律制度具有公平、公正、正义等基本价值追求。关于网络治理的立法除了要实现实质正义,更要保证形式的正义。具体而言,就是要保证立法过程的民主性、科学性,通过听证会、公开征求大众意见等形式,保证立法真正代表人民利益,而且关于网络社会的立法要避免出现法律缺位、法律冲突的情况。

（2）在关于网络治理的立法上,要求网络治理方面的法律制度要保证形式正义和实质正义。实施网络法律制度,无论是政府部门对网络社会实施管理,还是司法机关在网络法律的具体实践过程中,或是政府及网络主体遵守网络社会的法律制度时,都要避免机械化和刻板化,而应当实现动态平衡,让形式上的公平正义和实质上的公平正义统一起来。

二、完善网络治理的立法

2020 年 5 月 28 日十三届全国人大三次会议表决通过自 2021 年 1 月 1 日起施行的《中华人民共和国民法典》就是在习近平法治思想指导下，我国法治建设创新发展的重大成果。《民法典》在中国特色社会主义法律体系中具有里程碑意义，其颁布和实施对推进全面依法治国、加快建设社会主义法治国家等方面具有重大意义。2021 年 8 月 2 日中共中央、国务院印发实施的《法治政府建设实施纲要（2021—2025 年）》（以下简称《纲要》）则对新时代法治政府建设提出了具体的要求。《纲要》是法治政府建设纲领性文件，是全面贯彻习近平法治思想的重大举措，对在新发展阶段不断推进法治政府建设，更好发挥法治政府建设在法治国家、法治社会建设中的示范带动作用，具有重大意义。各级党政机关要以《纲要》的颁布为契机，以提高全体党员干部法治素养的总抓手，深刻学习领悟习近平法治思想的核心要义，以《纲要》为指针加强法治政府建设，进一步明确职责，牢固树立依法治国、依法行政意识。要实现网络社会治理的法治化，除了要保证法治理念及时更新之外，还要通过具体的法律制度体现这些理念。网络社会必须在法治体系之内运行，网络技术快速发展，相关立法必须及时跟进。① 不断完善网络法律制度，构建完备的法律体系，才能使网络

---

① 付子量：《网络法治化是法治中国建设的应有之义》，《中国社会科学报》2014 年 6 月 13 日。

社会的法治化真正实现。网络立法是网络规制的前提,健全网络立法体系,形成统一的规范体系;对网络立法的模式进行变革,以适应网络发展的实际需要;提升网络立法的实用性,确保网络治理取得实际效果。

(一)确立网络立法的原则

通过总结各国在网络社会治理过程中的成功经验,并对我国当前网络立法中存在的问题进行分析之后,笔者得出结论:在我国的网络治理中,进行立法规制是当前的主要任务。网络立法首先必须遵循我国《立法法》当中的基本原则,还要考虑网络社会的特殊性给网络立法带来的特殊性。因此,网络立法还应遵循以下原则:

(1)合宪性原则。宪法是国家根本法,它为国家的各项立法提供依据。宪法的地位是至高无上的,网络治理的立法必须按照宪法精神与具体规定来完成。

(2)权力控制原则。对行政权力施加控制,是行政法治中的一项基本要求。英国学者威廉·韦德认为:"行政法定义的第一个含义就是它是关于控制政府权力的法。无论如何,这是此科学的核心。"[①]我国的网络立法之所以要遵循权力控制的原则,是因为当前我国政府在对于网络社会治理中掌握着绝对权力,且没有法律的授权与约束,没有规定政府违法行政应承担的相应责任,政

---

① 威廉·韦德:《行政法》,中国大百科全书出版社1997年版,第36页。

府在网络治理中常常出现以行政权力侵害用户权利的现象,用户在自身权利受到侵害后,缺少有效的申诉渠道。因此,我国的网络立法必须遵循权力控制的原则,使行政权力更加明确化、规则化。否则,政府在网络治理中容易产生行政恣意,直接损害公民权利。

(3)比例原则。我国进行网络立法是为了保护公民合法权利,保证用户的网络自由,也是为了推动互联网行业的发展,使网络社会健康而有序地运行。法律是通过分配权利与义务来协调社会关系,最终实现立法目的。所谓的比例原则,是行政机关在行政过程中时刻为行政目标努力的同时,还要保护相对人的相关权益,若行政目标的实现可能会对相对人的权益造成不利影响,应将这种不利影响控制在最低限度,使二者所占的比例保持在科学的、公正的范围内。[1] 比例原则在网络立法中也适用,在立法时应遵循比例原则,保证立法的科学性,使法的贯彻落实更加合理。

(二)构建网络立法内容

1. 网络立法要保障网络主体的权利与自由

第一,网络立法要将保障网络主体具有的权利与自由作为重点内容,使网络社会有序运转。网络立法强调政府在治理中的领导性,打破"家长制"大包大揽的管理思路。政府发挥引导作用,在法治基础上让市场在互联网产业发展中发挥主要作用。政府应尽快调整网络立法的思路,从注重事前管制与审批转向强化事中、

---

① 姜明安:《行政过程研究》,北京大学出版社 2005 年版,第 71 页。

事后监督;由被动防范、限制向积极提供辅助与服务转变;从注重政府权力向保护用户权利、限制自身权力的方向转变。

2. 为网络主体提供申诉途径

有效的申诉途径对于权利提供了重要保障。目前,我国的网络立法中对于网络主体权利申诉的途径及方式没有明确规定,接下来必须在立法中对此予以明确。首先,要在法律中明确行政管理部门职权与对应的责任,政府部门的管理权力必须由法律授予,在行使职权时必须严格按照法定程序。如果政府在治理网络社会时滥用权力,甚至在行使权力时存在违法的情况,就必须承担相应的法律责任。其次,网络治理的法律中必须规定网络主体在自身权利受到侵害时,有提出申诉的权利与有效途径。

3. 完善已有的法律法规

完善已有的法律法规,填补网络治理相关法律的空白。网络技术的发展孕育了许多新的行业与产业,这些新兴的事物处于不断变化之中,呈现出动态性特征。法律具有明显的滞后性,无法完全与网络社会发展的步调保持一致,而且立法需要消耗一定的社会资源,从成本与效益的角度来看,一味确立新法并不一定能实现最佳效益。鉴于此,除了要进行网络立法之外,还要注重完善、修改已有法律,这样能够使法律体系相对稳定。要完成这一目标,应从两个方面着手:①要注重修改现有的法律。加强对现行网络立法的审查,及时发现并修正法条中相互冲突或重复的内容,保证法律系统的统一性。同时,还要根据网络的特点,进一步解释现有的法律法规,使其在网络社会的新领域也能适用。②要对司法解释具有的指导作用给予重视,这样才能使立法具有实用意义。

4.网络立法要注重本土性与前瞻性

网络立法符合我国网络社会发展的实际情况,绝对不能盲目照搬别国的立法模式。在深入了解我国网络社会的基础上,有针对性地制定适应本国网络社会特征的法律。可以适当借鉴国际互联网治理的惯例与普遍模式,吸取适用的立法经验,这样能够在网络治理方面少走弯路。此外,还要从整体上把握网络社会的特点,分析网络社会的发展趋势,保证立法的针对性,同时也要具有前瞻性。

三、完善网络治理的行政执法

网络对现实社会的学习方式、生产方式、生活方式都产生了很大影响,使人们的交往方式发生了根本改变,也因此产生了新型社会关系。在此背景下,如果政府仍旧依靠传统方式进行网络治理,是无法达到理想治理效果的,也会因此导致政府的公信力下降。由于网络治理的形势越来越复杂,以往以政府为主导的网络治理模式已经不能满足当前的治理需求,面对复杂的网络环境,需要各种网络主体共同参与网络治理。① 依法治理是网络治理取得理想成效的关键。

政府在行政执法过程中要有服务意识,依法保障网络主体的

---

① 湛中乐、郑磊:《分权与合作:社会性规制的一般法律框架重述》,《国家行政学院学报》2014年第1期。

各项合法权益。要实现网络社会法治化,首先要保证政府行政法治化。政府要转变固有行政理念,由管制逐渐转变为服务,保障网络主体的合法权益。政府要坚持以人为本的管理理念,要拓展广大用户参与社会管理和公共决策的途径。

（一）设立统一的网络治理机构

在网络社会治理方面,网络技术发达的国家均设立了级别较高的互联网集中管理机构,以便对相关部门的工作实现领导和协调,使网络管理达到更高效率。例如,英国通过设立通信办公室打破了以往管理中存在的壁垒,便于对各个部门的工作进行统一协调,大大节约了时间成本,同时也提高了管理效率。

在网络社会治理中,我国应依法设立统一的领导机构。21世纪初,我国成立了国家信息化领导办公室,在当时发挥了一定的积极作用。从目前的网络发展形势来看,应对互联网治理的体制作自上而下的战略规划与安排,形成一个配置合理、分工明确的治理结构与权力架构。明确各个机构的职责,规定网络行为主体具有的责任与义务,改变以往网络管理中部门过多、职能交叉的现象,将多头治理转变为联合治理,实现多元统一的有效监管。①

（二）构建新型互动关系和多主体的治理机制

网络技术较发达的国家通常比较重视社会组织和广大用户在

---

① 施雪华:《互联网与中国社会管理创新》,《学术研究》2012年第6期。

网络化治理中的参与度,同时也非常重视网络教育,以培养网络用户在网络环境中的自律意识。如美国政府从互联网的供应商、经营者以及用户入手,通过宣传全面引导其遵守网络智力的法律法规,为网络社会的秩序化奠定了基础。美国颁布的《网络安全法案》提到,由商务部发起和一场关于培养网络安全意识的全国性活动,让公众充分了解网络安全的重要性,宣扬政府为互联网的自由与安全、保护公民隐私与知识产权等所作的努力,并利用公共与私营途径保障公众的信息安全。

互联网与新媒体的快速发展,使人们获取信息的方式发生了革命性的变化。在现实社会中,政府与媒体是管理和被管理的关系,政府对媒体具有绝对控制权,但这种绝对的管理权在网络社会中是不适用的,无法适应网络发展的趋势。政府管理网络社会要坚持服务的理念,将管理寓于服务中,使政府与网络主体建立良性互动的机制,增强政府在网络治理领域的公信力,进一步促进政府公开政务信息,使广大用户的知情权得到保障。以此为基础鼓励网络社会的各类主体积极参与网络治理活动。我国越来越意识到多主体管理在网络治理中的作用,多主体协同联动,法律、市场、用户自律共同发挥作用,是网络治理的主要趋势。

(三)严格遵循依法行政的原则

政府在网络治理执法过程中首先要保证公平正义,如果在执法过程中存在各种违规行为,会使法律的公平正义难以实现,同时也会影响政府在民众心中的形象。所以,必须规范执法行为,行政主体必须依法行政,树立起法治观念,增强执法者的法治观念,严格依法行政,文明执法。同时,还要为依法行政营造理想的法律环境,通过提升执法人员的思想认识,为严格、规范执法提供保障。

（四）不断提升政府的公信力

在社会治理过程中,对于那些与公众利益密切相关的信息,如果不涉及国家安全与商业秘密,政府均应对公众及时公开,落实政府的政务信息公开制度。政府及时公开信息,对网络治理有重要的作用。互联网中的信息传播迅速,加上网络空间的隐匿性,网络成了谣言的温床,政府及时公开信息能迅速辟谣,从而使公民的知情权、监督权等基本权利得到保证,有利于建设诚信政府。因此,积极推进诚信政府建设,能更好地保障网络主体的权利。

（五）完善网络执法监督

一段时间以来,我们没有针对行政执法推出责任追究机制,导致一些公职人员一味重视自身在执法中的权力,忽视了相应的责任。出现了一些滥用权力甚至损害网络用户利益的行为,但在追究相关执法单位以及执法人员的责任方面没有制度和法律作支撑,实践起来存在种种困难。上述情形的出现,对我国法治化建设的进程造成了严重阻碍。必须完善网络执法的监督制度,明确行政权的限度和对应的违法责任,拓展申诉渠道,让利益受损的对应人能及时得到申诉和帮助,从根本上预防网络治理者的失范行为的发生。

第五章　网络空间生态化治理

第一节　网络空间的失序与危机

一、网络空间的内涵与特征

美国科幻作家威廉·吉布森最早使用了"网络空间"一词,其长篇小说《神经漫游者》描述了一个庞大的网状空间,主人公在这个人类思想高度统一的世界尽情漫游,这个广袤而独特的世界中没有现实物理空间中的崇山峻岭,也不存在房屋建筑,只有各种三维信息与资源在高速流转,作者将这一空间叫作"赛博空间",它具有四大特点:①网络世界是独立于现实的物理世界而存在的;②网络空间极度崇尚自由;③网络世界是生生不息的;④信息拥有者在网络世界中最具权威。当前,"网络空间"已不再只是一个科幻领域的专用名词,它已经在社会中实际存在并对人们生活的方方面产生了重大影响。同时,学术界也对这一领域进行了深入、广泛的研究。

从现实空间视角来看,网络空间是以现实空间为基础逐渐形成的,是随着互联网发展和广泛应用而产生的一种新事物,是在计算机、互联网信息技术的推动下而产生的独特领域,是以信息流转、网络技术为基础而形成的传播信息的空间,是能够带给人们新体验的空间。在这一空间中,人们可以进行信息交流与互动。网络空间既有现实世界的一些特点,又有自身的特质,其主要特征体现在以下几方面。

（一）形态的虚拟性

互联网是由计算机互相连接而构成的,其中存储和传输的信息是以数字形式存在的,通过终端系统才能显现出来。人们在网络空间的活动通过计算机代码实现,因此活动呈现出虚拟性的特点。但这种虚拟性仅仅指的是形态上的虚拟,网络空间本质上来说是人类活动的一种场所。从生成本源上来讲,网络空间当中的"虚拟形态"可以分成三种不同类型:①对特定对象进行数字化处理,然后通过信息化手段呈现;②以特定对象及场景的数字化呈现为基础,进一步将某些特征通过强化、夸张和渲染的方式呈现,从而形成"拟真形态";③纯粹的"新异形态",完全摆脱本真形态和真实场景,重新用数字符号组合的形式呈现信息和场景。以上三种形态的定义是根据对实际对象的呈现程度来定义的。

互联网发展客观上造就了一个虚拟的网络世界,但形态的虚拟并未使其社会本质发生改变,社会文化属性是网络空间具有的根本属性。网络形态的虚拟使用户身份具有隐蔽性,人们用虚拟身份在网络社会中活动。虚拟性作为网络空间的典型特征,是其与物理空间的主要区别。

(二)实时开放性

互联网为网络空间提供了物质基础。互联网中不存在核心指挥者,也不存在核心权力和等级结构,所有的用户都是平等的。互联网的开放性体现在设备、用户、服务等三个方面。网络用户遵循网络基本规则与协议就可接入互联网顺利获取所需的服务。人人有平等利用网络的权利,不受地域、民族、肤色、语言、宗教等因素的限制。用户可平等获取网络中的各类信息资源,网络中的互动与交流打破了时间的限制。用户连入网络之后可以随时随地获取世界各地的信息,网络的开放性为用户带来了极大的便利。

(三)打破地域限制的自由性

网络不断发展,使人与人之间的交流、国际商业贸易等突破了地域上的限制,打破了空间上的障碍。人们在网络空间中的活动具有超越地域的特点,各种交流活动通过数字转化即可完成,QQ、微信、微博等均是典型的网络交流平台,用户只需一部手机就可随时进行沟通。互联网的即时性、交互性与虚拟性等特点,打造了一个相对自由的时空。同时,这种跨越地域、超越时空的自由性也带来了很多问题,不同的国家和地区有不同的文化特点和历史背景,在网络社会的立法上面也存在一定出入，这使网络违法犯罪行为有了可乘之机。

（四）公共性

网络空间具有鲜明的公共性特性。公共空间指的是由公共权力所构成的国家政治空间、生产关系构成的经济空间以及家庭及私人关系所构成的私人空间以外的社会空间。公民是公共空间中的主体，公共空间的核心内容为公民参与公共事务，对其运作进行监督，实现自我需求和意愿的表达，由此形成了公共价值、公共精神和公共秩序。网络空间是公共空间，用户的网上行为与言论均会对现实世界造成一定的影响。

二、网络空间失序及其带来的危机

互联网为人类提供了自主空间，互联网社会的运行也给现实社会带来了一定影响，重构了人类社会的秩序和规则。在这样的背景之下，网络空间变得丰富多彩，人与人之间的活动形成了一个特殊的场域，通过生成和积累逐渐构建了一系列的社会文化。

由于信息技术与互联网的发展速度比网络空间管理规范和法律推行的速度更快，网络空间的治理与网络社会的实际运行情况不匹配，网络空间的秩序难以保障，危机四伏。网络空间中的资源危机与环境危机已经开始影响整个人类社会的稳定。具体来说，网络空间的危机和失序有以下几种表现。

（一）群体行为失调

群体是网络空间中唯一具有主观能动性的主体，也是网络空间当中最为活跃的因素。网络群体有广义和狭义之分，广义的网络群体包括网络运营商、用户以及影响网络的运行与发展的其他各类人群。狭义的网络空间群体指的是主动在数字化环境中与网络中的角色互动的人，通俗来说就是"网民"。网络空间不同于现实空间，网络空间中的各种物种并不是共生的，可以将其视为人类独有的活动空间。人是网络空间唯一的行动主体，其活动对网络空间中生态系统平衡有直接的影响。若网络行为主体的网络行为出现失调的情况，会带来群体性的危机，而群体危机会直接导致生态系统失衡。

（二）网络空间环境的失衡

网络空间环境指的是对网络空间有影响的各种外部因素所组成的一个功能多样、结构复杂的综合体。网络空间环境为网络空间的生态系统提供重要依托与支撑，它处于群体与资源最外围，笼罩着整个网络空间。互联网技术高速发展，网络中的主体如果在使用互联网的过程中存在违规行为，或网络主体的行为关系存在失调的情况，会导致网络环境混乱和无序，也会对现实空间的政治、经济以及文化等整体环境带来不良影响。

（三）技术与信息资源出现失衡

技术和信息为网络空间的形成提供物质基础，也为网络空间不断发展源源不断地提供动力。由于经济与科学技术的限制，导致技术和信息资源失衡，具体的表现包括：

（1）信息泛滥与污染。互联网为人类提供了海量的信息，同时也导致了信息泛滥。大量的信息让人眼花缭乱，提升了人们选择所需有效信息的难度，这也给信息资源的传播与共享带来了负面影响。目前我国的网页重复率达到了 25% 左右，这造成了信息资源浪费，也使信息资源的可用性与有效性大大降低。用户是网络信息资源的直接生产者，在网络空间中开展活动，需要依靠信息传递来完成，人在网络中自然转化成了一种数字化符号，是一种"间接在场"。网络环境中的这种数字性、自由性和虚拟性使大量虚假信息源源不断地涌入，导致信息失真。虚假信息向人们传递错误的知识与指令，干扰人们的决策，破坏了正常的信息传播秩序。

（2）技术与信息处于劣势地位的情况并未得到彻底改变。网络权力同信息技术水平存在密切关系。信息时代对信息的开发、利用与控制是国家间开展利益争夺的一项重要内容。各国经济、技术发展不均衡，发达国家与发展国家之间的信息的传播可以看作信息的单向流动，在信息传输过程中，发达国家居于垄断地位。相较于美国和西方其他发达国家而言，我国在网络技术和信息技术方面依然处于劣势。

（四）网络的安全危机

网络的整体系统主要由基础软硬件设施、信息技术和信息资源共同构成的。其中，基础设施是网络系统存在的基础，包括互联网支撑下的各类软件和硬件。从技术上来说，网络运行既离不开硬件的支撑，也需要软件来支持用户操作并发挥驱动作用。因此，要保证互联网的安全，需要同时保证软件和硬件设备的稳定运行。

第二节　网络空间中传统的管理模式

一、传统网络管理模式的特点

（一）以政府为主体自上而下管理

我国传统的网络治理中一贯采用以政府为主体的管理模式，在政府的领导下，自上而下对网络社会进行治理。传统管理观念导致网络治理形成了思维定式，我国基本遵循政府主导的管理原则，与互联网相关的事务均由相关的政府部门具体负责。例如，工商局对网络服务商进行管理时遵循对企业管理的原则，而政府对网络信息的管理采用的是管理传统传播媒介的方法。各个部门管理网络空间都遵循自上而下的原则，根据上级指示实行管理。所有的管理活动均要经过层层审查,得到批准之后才能正式实施。

(二)业务许可是管理基础

传统的互联网管理采用的是业务许可制,这是网络管理的基础性制度。所有业务主管部门对互联网业务均实施许可管理制度。

(三)以规范运行为管理目标

传统的治理模式下,政府将网络规范运行作为最终目标,主要通过强制手段进行管理。首先通过业务许可提高互联网行业的准入门槛,之后再通过法律法规对服务商以及用户行为进行限制,辅之以监督、管理来消除各类网络违规行为。由于没有设置专门的互联网主管部门,管理部门往往同时管理网络业务与非网络业务,加强对网络业务的监管往往是为了避免网络给传统行业带来不良影响,管理网络的主要目标就是让其运行实现规范化。

二、传统管理模式存在的弊端

(一)管理主体单一化

传统治理模式是由政府主导自上而下进行管理,这种模式的权力结构是金字塔式的,最高领导部门具有绝对权威,它通过行政体制来输送各种公共产品,有效避免了资源配置中市场的滞后性与盲目性。通常政府机关作为管理主体,具有权威性。虽然这种管理比统治的主体覆盖面更广,但仍旧是多数人作为被管理者,管理者只是少数人。所以,单纯依靠政府对互联网进行管理是远远不够的,这样会造成管理主体单一化,加上政府的资源有限,很难依靠一方力量对复杂的网络环境实现有效管理。仅依靠政府单方管理,无法对网络中的信息实现逐一审查。政府部门在制定法律时难免存在顾虑不到的地方,导致管理存在漏洞,给网络违规行为、网络犯罪行为以可乘之机。政府单方面管理无法及时发现和处理互联网服务设施当中存在的隐患。因此,网络治理不能单纯依靠外在压力的约束,还离不开行业自律和自我管理。

权力高度集中难以对权力的使用实现有效监督,政府在网络监管过程中的总体表现是比较被动的,常常只能对网络问题做事后处理。虽然我国从中央到地方的各级机关针对网络治理形成了齐抓共治的体系,但是由于这一体系涉及的机构和部门众多,导致监管的成效不理想。加上各级行政单位的工作能力存在差距,导致既定的行政监管目标很难全面实现。网络空间的维护与治理需要多方共同参与,仅仅靠政府的单方面的治理是很难实现全面管理的,需要各类网络主体层层监督,才能保证监督与管理无死角。

政府在网络管理中忽视了广大用户的偏好,较少从用户的角度出发去探索用户的价值偏好。这就导致部分管理规定和立法偏离实际,法律要求不贴合实际,导致资源失衡,也不利于网络安全维护,对整体网络空间的秩序构建都产生了影响。

（二）管理手段单一

传统网络治理模式下，政府职能逐渐从现实社会延伸至网络空间，网络管理的思路也基本是从传统社会管理中延续下来的，其管理手段大都是以强制性的行政规范、法律法规等作为支撑，即由国家行政单位根据自身的职责与权限来制定互联网管理政策，通过各项规定与规范来限制人们在网络空间中的行为。2000年以来，国家陆续推出了很多互联网管理方面的法规与政策，但整体而言，我国在网络立法方面依然有待进一步完善。首先，表现为网络立法不完善。有关网络的立法当中存在一些盲区，给网络不良行为以可乘之机。一些互联网服务提供商和运营商存在违规操作，利用用户的个人信息进行交易以谋取利益，这直接侵害了用户的个人隐私。网络用户的多项权益遭到损害，最终会导致行为关系失调，在网络空间中引发群体危机。我国的互联网领域实行许可制度，但仍有未经许可的网络业务上线，业务许可证制度并没有达到预期行政目标。其次，表现为网络立法具有模糊性。针对网络的法律中存在模糊条款，由于法律不够细化，网络参与者便钻法律的空子牟利，未承担应有的责任，导致大量的网络活动失范，破坏了网络秩序。

（三）管理载体具有单一向度性与滞后性

传统治理模式中的权力运行是自上而下逐级传递的，管理者层层传达权力主体的意志，以对网络实现单一向度的管理。要保障互联网安全,需要依托有效的预防机制和有效的危机解除机制。当互联网出现安全问题时,如果得不到及时解决,会使问题进一步扩大化,引发更大的危机。传统管理模式遵循严格的层级制度,信息传达需要层层上报,需要消耗一定的时间,导致网络安全问题的处理具有滞后性。再加上各个管理部门的职责不明,导致工作效率低下。另外,由于网络中的信息资源庞杂,各类信息的质量参差不齐,还存在信息泛滥的情况,各部门需要分工协作,通过协调实现有效管理。而传统管理的单一向度与滞后性,必然会使网络监管中出现真空地带。各个部门没有针对网络管理实现统一规划,部门间在协调合作方面存在明显不足,管理目标和评判标准也不一致,执行的管理力度和尺度各异,加上行政人员的工作能力不足,导致网络治理陷入了困局。

第三节　生态化治理——治理网络空间的新路径

一、网络空间生态化治理的具体内涵

在网络治理中,人们将生态学基本原理应用于网络治理实践,便产生了网络生态化治理。进入 21 世纪,生态学散发出了巨大魅力,各个领域纷纷结合生态学的相关理念开展工作实践,于是逐渐产生了一些新的研究领域和交叉学科。如果从生态学角度来看,网络空间是一个包含多种要素的生态系统。"网络生态系统"的概念是张庆峰在 2000 年最先提出的。他认为,网络生态系统符合生态系统的一般特点,由相互联系、相互影响的多个部件组成,有特定的功能,且与外界存在明显界限。之后有很多学者分别从自身的研究观点出发对于网络生态系统作了界定。杨瑶和鲁玉江提出,网络生态系统指的是在现代化的计算机网络体系中,网络信息的主体与网络生态环境相互依存,同时相互作用,从而构成一个有机的整体系统。目前,国美学者对于网络生态系统基本达成了共识。网络生态系统的特点主要表现为系统性、动态性和人工性,通常由环境要素、主体要素共同组成。具体来说,环境要素主要包括网络设备、信息资源、信息技术与社会环境,而主体要素涉及信息生产者、信息消费者与传输者。环境的各项要素以及主体的各项要素之间、环境要素与主体要素间都是相互作用的,共同形成了网络空间整体的生态环境。

网络空间失序、出现危机等属于生态系统失衡或者生态危机,需要将制度、技术与行业规范相结合,才能有效解决各种生态危机,使网络生态系统保持平衡状态。

生态化治理与市场化治理是不同的,与科层化治理也有明显区别,其核心是"依赖与合作",这种治理整体上是开放的,遵循互利互惠的原则,各个参与主体都具有积极性,且充满了自信与活力。生态化的网络治理强调在多种参与主体间构建一种互帮互助、互惠互利、和谐共生的友好关系,从而让网络治理真正有序有为,充满朝气与活力。

二、网络空间生态化治理的主要特点

（一）治理主体多元化

立足于互联网而形成的网络生态系统,其主体在分享权力的同时也整合力量共同进行互联网管理,从而让治理主体呈现出多元化特点。生态化治理打破了传统治理方式中存在的种种局限,建立了多元联动的管理模式,建立了网络治理的新格局,不再仅仅依靠政府来维护网络空间的秩序,而是由网络服务商、各类社会组织、科研机构、媒体、公民个人等与政府部门共同对网络进行协同治理。网络空间治理单依靠一方力量是难以完成,这需要各类治理主体间密切配合,实现跨域协作,进而成为一个有机的网络治理整体。这是一种合作化的治理机制,它包括技术领域和非技术领域协作、线上与线下协作、行政部门与非行政部门协作、国家间的互通与协作。生态化治理通过多元主体联动,构成了一个复杂的动态性治理网。政府、网络中的行为主体及相关的参与者共同构成了一个网络治理的生态圈。在这个生态圈当中,行为主体治理是核心层,政府治理为扩展层,而有关参与者的治理为社会层。

行为主体的治理是核心层,这是因为网络空间是网络用户的活动而形成的,人是唯一的推动力量,其行为对于网络社会的正常运行具有直接影响。政府治理为扩展层,是因为政府治理在网络空间的生态化治理中发挥着其他类型治理主体无法取代的作用。政府是权威性的治理主体,政府占有众多资源,能够集中力量去处理网络问题,这是其他治理主体不具备的优势。相关参与者的治理处于社会层,这主要是因为互联网是网络空间实现生态化治理的物质基础,社会组织、团体、企业、网络运营商、事业单位、行业协会等所有的相关参与者均在网络建构与发展当中发挥着重要的作用。互联网环境中的权利是分散的,各类型的社会力量都在政府的网络治理中发挥着补充作用,社会层的网络治理具有极强的灵活性与针对性,能够充分利用社会资源解决一些具体的网络问题,有效弥补了政府部门在网络治理当中的不足之处。

(二)治理手段多样化

治理网络空间的手段是连接网络治理主体与治理客体的纽带。网络生态化治理有多种手段,包括构建网络规范、建设管理网络的各种基础设施、保障网络安全、网络主体自律等,分为法律手段、技术手段、市场手段、柔性手段等。当前,在互联网的生态化治理当中,治理手段多样化的发展趋势是不可阻挡的。

1. 法律手段

网络社会是现实世界的延伸,网络并非法外之地,与现实社会一样需要通过法律手段实现有效管理。现阶段,以法律手段治理网络空间已成为社会共识。法律对于公权力具有约束作用,实现网络的民主治理,可以在网络自由与秩序、公共利益与安全之间实现平衡。

2. 技术手段

运用法律手段来治理网络,存在立法和规定滞后的情况,这是法治的局限性。网络空间依赖互联网技术得以形成和发展,技术手段在解决网络空间问题方面有着重要的意义。网络空间的违规行为往往具有极强的技术性与专业性。因此,采用技术手段来管理网络空间是一种有效的方式。

通过先进的网络技术对各种网络信息资源先行选择、整理、保存,运用信息安全技术对信息传递的过程施加控制,这样能够保证网络用户有效提高获取信息资源的效率,也同时也降低了成本,提高了信息的可用性、完整性与系统性,使网络资源的开发与利用更上一层楼。技术手段的应用能够有效解决网络空间的信息安全问题,使信息传输更有秩序,使网络的生态化治理实现最优效果。

3. 人文手段

网络空间的治理除依靠法律具有的强制性以外,还要依靠用户的自律。通过用户培训、网络文化宣传与网络道德教育,为网络社会营造良好的环境,这对于网络治理来说尤为重要。网络空间的跨地域性给予了网络用户充分的自由,人们在网络空间中更容易获得成就感和满足感,但部分用户在利用网络空间时缺少理性,对于网络中的信息缺少判断能力,容易盲目跟风。这时法律手段很难发挥作用,而人文手段强调用户理性和判断能力的养成,使用户的自律意识逐渐增强,能够达到法律手段无法实现的治理效果。

4. 经济手段

当前,社会生活中的生产与消费活动已经在网络空间中形成了固定的模式,网络为商品流通提供了平台。对于网络中的经济活动,可通过多种经济手段来制定具体的市场监管策略,积极引导网络经济主体的行为,以保证经济有序、稳定发展。

(三)治理机制合作化

在网络空间中,仅依靠单方面的力量是难以完成庞杂的管理的,这就需要不同主体之间进行有效配合,实现跨域协作。网络治理的跨域协作主要包括技术领域与非技术领域、行政部门与非行政部门、网上与网下乃至国家间的协作。各治理主体之间是互利共赢的关系,共同构筑了一种高效、有序的生态化治理模式。

1. 利益共生、观念共享

生物学中的利益共生指的是不同物种之间有彼此需要的物质,可以促进双方的生存与发展,这一利益关系的存在促使双方不断吸收有益物质来实现自我提升。网络生态化治理中存在着多种复杂关系,与自然界的生物系统极为相似,各治理主体必须尊重别人的利益及劳动成果,在此基础上借助对方的优势促进自身不断完善。网络治理中要遵循观念共享、合作共赢、利益共生的基本原则。观念在网络治理中发挥核心作用,观念共享的具体表现是通过各种方法向用户个体和组织传递,最终使观念被广泛理解和认同。网络文化中的观念有着自由基因,人们通过共享自由的观念,以尊重彼此的自由平等权为基础开展网络活动。例如互联网企业在供应链上是战略伙伴,为了实现利益最大化,企业保留核心技术部分的生产与供应,将一些简单的技术外包给小型企业,既减轻了自身在生产方面的压力,又给小企业带来了业务。这对小企业来说是一种利益共享,双方形成互利共赢的关系。网络治理的机制要实现合作化,必须在观念方面实现共享,在利益方面实现共生。①

2. 在分享权力的同时强化责任

多元化治理力量将以往政府垄断式网络治理的格局彻底打破,以共同的治理理念、治理机制为基础,分享网络治理权力,在治理主体实现平等化之后构建合作共赢、分享权力、友好协作的管理模式,强化各自的责任,从根本上改变网络空间的治理结构。网络空间生态化治理要通过分权共治、多元联动的路径才能实现。虽然网络世界是虚拟的,但参与网络活动的都是真实而具体的人,因此要强化网络空间在生态治理方面的责任,其实关乎同互联网存在直接或间接联系的广大社会成员,当社会成员对网络空间的实践形成共同的认知,才会主动遵循网络空间的相关制度和规定,进而积极担负起网络主体的责任,自觉规范自己的网络行为,网络空间的治理也就能得到全面落实。

3. 促进跨域协作

互联网的组织架构及性质使得网络空间行为可以跨越区域,边界感较为模糊。网络空间要实现生态化治理,就要建立有效的合作机制,必须通过各种治理主体联动、多方面密切合作,实现跨域治理,才能使全球的网络环境保持有序状态。

---

① 卡斯特:《网络星河》,社会科学文献出版社 2007 年版。

三、网络空间生态化治理的现实意义

(一)培养网络主体的理性意识

人的行为是由思维支配的,并在理性思考之后将其付诸实践。网络生态化治理充分体现了人具有的工具理性与价值理性。生态化治理的对象包括构成网络空间的基础设施、信息资源与网络信号。仅仅从物质层面把握网络空间的特征是不够的,社会文化性是网络空间的根本属性。人类的活动使互联网不再仅仅作为信息传播与流通的平台,而是逐渐演变成了一个公共空间。用户在这一空间中可以进行自由互动、分享各类信息资源、参与社会生活,网络空间对社会关系进行了再度整合,可以广泛凝聚群众意见、整合社会力量。由此可以看出,在网络社会中,人是生态化治理的对象,同时也是治理的主体。生态化治理必须将网络行为活动和行为主体作为重点关注对象。网络治理的关键并非将具有技术性的"物"作为治理目标,而是对社会文化这一意义上的人及其行为进行治理,其目标是对网络中的行为主体实现有效的规范、约束与引导,提升网络主体的行为理性,增强用户的责任意识,培养其自律精神,这是对网络生态化治理的一项重要价值。

(二)调节网络空间中的冲突与矛盾

网络空间、现实空间是相互影响的,网络空间是现实生活的延伸。网络失范行为、网络侵权问题、网络安全问题等是网上活动与网下生活矛盾、冲突的一种投射。对网络中所产生的各种矛盾进行有效解决,避免网络主体出现行为失范的现象,维护网络用户的合法权益,实现网络正义,这既是网络治理中的主要议题之一,也是其生态化治理追求的目标。

(三)对网络空间的整体环境进行优化

生态化治理是为了实现整体网络环境的优化与提升,为广大网络用户营造文明、健康、和谐、有序的网络环境,保证网络活动有一个好的平台。网络生态化治理具体要从下列几方面着手:①对网络空间的政治环境进行优化。对互联网实施生态化治理以后,会使用户对参与政治生活更有热情,这有利于政府决策。民众在政治生活中的广泛参与,有利于政府推行的政策充分体现民意。对全球网络进行有效治理,可有效防止恐怖主义利用互联网渠道破坏国际和平与稳定,有效维护全球的政治秩序。②对网络经济环境作进一步优化。互联网经济是依托信息技术和互联网来运行的一种新型的高效经济模式。但是,大量的经济活动实现网络化之后,网络中出现了一些威胁经济安全的现象,严重制约了互联网经济的有序发展。生态化治理必须协调好短期与长期、市场与政府、局部与整体的利益,综合运用信息化手段和经济手段,使市场当中的公共利益实现最大化。这样就实现了互联网经济环境的优化,为互联网经济健康运行打造良好的环境。③对网络空间的人文环境进行优化。网络文化具有高度的个体性特征,通过生态化治理能够有效解决诸多网络危机,使网络平台得到净化,为人类的交流与互动提供理想环境,使网络空间的人文环境更加积极向上、充满正能量。

(四)构建和谐的网络空间秩序

网络空间使人类社会的秩序实现了重构,并形成了基本的行为规范,促进网络主体间实现良性互动,为人类在网络空间的生活建构秩序,构建和谐的网络空间秩序是网络空间实行生态化治理的另一目标。没有规矩,不成方圆,没有秩序,也就不成整体。生态化治理的意义在于使网络社会形成良好秩序,使网络主体按照一定秩序进行活动与交流,通过秩序引导、约束各类网络活动,以使各类主体能够非常有序地进行网络活动。网络社会的秩序是由网络行为准则、网络社会的伦理道德和相关的法律法规等共同构成的一整套体系。[①]

(五)保证网络主体的自由

网络空间被人们称作第二世界,而网络文明也被称为第二文明。网络文明最本质的特征是保障人的精神自由。在网络空间中,人类打破了物理空间的种种束缚,感受不到空间实体对人的压迫,也不再受地域限制。人们通过网络构建了一个由"自由人"组成的"自由共同体"。生态化治理的最终目标是实现人的自由,同

---

① 李钢:《网络社会的政府治理》,北京邮电大学 2008 年博士学位论文。

时保证人得到全面发展。生态化治理绝对不是为了干预和限制人类在网络中的自由,更不是为了遏制人类个性的自由发展,而是想通过治理使网络空间保持良好秩序,为保证网络用户的自由营造文明、有序的环境,从而打造更高层次的网络文明。

构建和谐的网络社会秩序仅仅是一种手段,在自由和束缚的关系上,自由是根本目的,而束缚和管理是实现自由的前提条件。所以,生态化治理在社会文化价值方面的终极目标就是实现人的自由。

第四节　网络空间生态化治理的路径

一、建立合作机制,实现整体治理

(一)国际协作

互联网覆盖了世界各个地区的各个角落,通过网络将各国紧密联系起来。各国通过协调、沟通、合作等方式来共同处理全球互联网运行中存在的各类问题,共同管理互联网事务。互联网生态治理的问题在全球得到了广泛关注,它所带来的威胁与挑战是全人类共同面临的问题,关乎人类的共同利益。因此,各国要通过跨域协作共同对互联网环境进行治理。

（二）职能部门之间进行协作

政府的各类职能部门内部通力协作,推行网络的整体治理。整体治理需要政府内部的机构以及部门间整体运作,通过部门整合与有效协调使多元主体形成一致的工作目标,强化执行政策的手段,以实现亲密合作。在整体治理模式下,首先,要对机构进行改革,使职能部门具有的优势得到充分发挥。其次,要统一领导,这样做是为了确保部门行动的步调一致。最后,还要建立健全相应的协调机制,这样才能发挥整体治理效应。

（三）行政部门与非行政部门协作

生态化治理是各种社会力量和多元主体共同参与网络治理的过程,它除了要求政府部门对自身的职能有清晰的定位并充分发挥职能外,还倡导企业、社会团体、组织、用户个人等积极参与治理,充分地发挥各主体的力量,各尽其能、各司其职、各展所长,使行政部门、非行政部门实现协作。实现有效协作,首先需要改变传统治理观念,政府不再是唯一的治理主体。政府应当作为治理创新的引导者,及时更新网络综合治理理念,细化治理内容,攻克各种难题。其次,还要充分发挥非行政部门在网络综合治理中的作用,以实现多中心的网络治理。

（四）社会的广泛参与

广泛动员社会力量参与网络治理,全面激发社会成员在网络管理中的能力,使公众的网络监管能力充分发挥出来,一旦发现网络中传播不良信息便立刻举报,从而共同打压网络中的歪风邪气,使网络环境保持和谐。鼓励和引导非政府性组织广泛参与互联网建设,以为广大用户提供更为多样化的网络资源。

二、促进技术与非技术手段的协作,多种力量形成良性互动

要想实现网络空间生态化治理这一复杂任务,自然离不开各种技术手段,但仅依靠技术手段,无法实现全部管理目标。技术归根结底是由人操控的,因此我们在采用技术手段进行网络治理的同时,更要重视人与社会文化等非技术因素,通过对多种手段进行整合,并进行合理应用,才能使网络空间有序、健康发展。

(一)技术层面

在技术方面要建立安全防御系统、跟踪检测系统、事后的技术分析与总结系统。在网络治理中,首先要定期对网络系统中的软件、硬件、数据库、运营程序等进行细致检查,排除安全隐患。然后执行技术上的保障措施和安全策略,有效防患各种安全问题。①

---

① 张东:《中国互联网信息治理模式研究》,中国人民大学 2010 年博士学位论文。

通过技术手段设置网络安全防火墙,构建访问控制机制、用户身份认证机制。通过信息加密、内容过滤、安全传输等手段实现技术上的安全机制构建,通过新技术提升设备抵抗网络病毒和黑客袭击的能力,从源头上抑制网络犯罪。其次,网络用户和网络机构要进行实名登记,针对这类信息建立专门的数据库,实现备案管理,并针对用户建立身份认证制度、网络用户监督机制。在法定职权范围内对传播不良信息的网站和用户进行实时监控和动态追踪,以及时拦截有害信息,保护网络的安全与稳定。最后,还应建立网络安全问题事后技术总结系统,一旦有不良网络行为产生,技术就可以分析其中的问题,并且针对问题给出解决方案,为技术的持续完善提供科学的经验。

(二)经济层面

在经济方面,应取消市场准入管理机制,不断优化网络市场的大环境。网络空间生态化治理首先要保证市场公平竞争的原则,互联网领域的市场准入管制应适当放松,才能让更多互联网企业进入市场实现公平竞争,为用户提供更加丰富的网络产品和服务。同时,由于客观经济规律和市场竞争机制反映出的是适者生存的法则,互联网企业应对这一法则有清醒的认识,在实践中不断创新,改革经营模式,更新管理理念。此外,还要发挥我国在人力资源方面的优势,注重创新型人才的培养,为网络发展与运行储备人才。积极促进先进网络技术和优质信息资源实现共享,构建完善的网络技术与信息资源市场。凝聚社会各个层次的力量,构建多层次网络资本市场,形成互联网领域的技术市场、人才市场与资本市场。①

(三)道德层面

在道德层面,要弘扬正确的网络价值观,建设和谐的网络社会。柔性治理是生态化治理的主要理念,强调道德自律与自我反省,遵循内敛的管理原则,主要通过原则与机制实现引导,保证网络社会的和谐运转。网络的应用打破了地域边界甚至国界。管理和限制互联网中出现的不良行为,只靠外在的强制力量进行打压只治标不治本,要从根本上实现互联网环境的和谐,就要依靠网络主体的自我约束,用户要以道德标准和社会伦理来严格规范自身的网络行为。首先,用户要严格遵循正确、科学的网络行为准则,树立起自由与平等的意识,实现自身网络自由的同时,不能侵害他人的网络权利与自由。其次,还要采用利益机制引导网络主体的各类活动,强调自身的利益的同时,需要以尊重他人利益为前提,防止出现牺牲一方利益保证另一方利益的现象。

(四)法律层面

在法律层面上,政府应当加快立法的步伐,开门立法,运用多种传媒工具和多种渠道广泛听取社会各界的意见,整合各种社会资源,集中群众的智慧,平衡各方意见,吸收更多的社会力量参与

---

① 陈莉莉:《网络社会秩序多元化治理结构研究》,黑龙江大学 2010 年博士学位论文。

到立法的工作中来。建立完善的法律体系,让立法更加全面、细化和完整,为网络空间相关利益方的行为提供充足的法律依据。通过网络立法,要形成对网络空间基本行为规范的硬性约束。这种法律体系不仅包括对真实的物理空间中人的行为活动的束缚,也包括对虚拟网络空间内部各种行为活动的规制,从而形成跨越真实和虚拟社会的整体化法律体系。

三、强化网络主体的自律能力,形成自控主导的治理新机制

互联网是一个工具性的技术平台,工具的优劣体现在人们利用它的方式上,这既体现了个体对社会及他人的责任,又体现了个体对自身的内在要求。网络的治理,要以广大用户的自我约束为主,以外在约束为辅助手段,形成以自控为主导的网络治理机制,积极培养个人的自我控制力。网络空间的发展是非常迅速的,人们要跟随网络发展的步伐及时掌握新的技术,并以理性方式使用新的技术,使网络更好地服务于生活。在当今社会中,互联网已经成为人们日常生活、工作和学习中不可或缺的一部分,用户在掌握基本的互联网技术之外,还要具备一些基础能力,主要包括信息识别能力与自我控制能力。用户具备信息识别能力之后,就能有效鉴别网络陷阱和虚假的网络信息,有效避免网络中的各种风险;具备较强的自控能力,用户就能够规范自身的网络行为,从自身做起,实现网络环境的优化。网络行为主体要用网络规范与准则严

格要求自己,形成自我管理、自我约束的能力,在实践中检视自身行为。无论是个体还是作为群体,都要明确认识到,我们在享受网络资源和网络带来的便利的同时,更要善待网络为人类创造出的这一新世界,善于运用网络赋予人们的各项权利,不断提升自身的认识,反省自身行为,严格要求自己,还要积极承担相应的社会责任,始终保持清醒的认识,避免随大流。用户要在网络活动中充分发挥人的主动性,实现人在网络社会中主体地位的理性回归。

四、完善网络监督体系,保障网络信息安全

(一)强化政府在网络安全监管中的职能

政府的工商部门、税务部门、市场监管等多部门要实现综合管理,不同部门各司其职,对于相关政策的制定、执行要协调推进,各部门共同担负起网络公共服务及安全监管方面的职责:

(1)财政部门应加大资源投入,大力引进先进技术,不断丰富服务的形式与种类;通过技术强化网络安全,推进网络技术标准及相关法规的建设;形成完善的互联网信息管理系统,构建高效的网络安全应急对策。

(2)监督部门要建立起网络管理与网络技术专业队伍,依法履行网络管理的监管职能,积极引导各方力量监督网络环境,逐步搭建网络监管及安全保障运作机制。

(3)外交部门要积极参与国际互联网管理与交流活动,积极

参与国际互联网治理合作,依据公约和守则协同合作,联合打击网络违法行为与网络犯罪行为,共同促进全球网络规范化运行。

(4)政府部门还要强化网页与网站的建设工作,使政府和广大网民就互联网管理监督事项实现高效的互动与交流,充分发挥出互联网具有的信息传输优势,不能一味强调网络硬件设施的建设,还要关注互联网实际运行的情况,注重新型网络产品的研发和公共互联网项目的建设,实现网络各个区域、各个环节的规范化与常态化运行。

(二)注重执法队伍的建设,加大执法力度

政府职能部门在网络治理中的执法力度应进一步加大,同时还要推进执法队伍建设,各执法部门应在网络治理实践当中密切协作,通过密切配合实现严格执法,做到违法必究、执法必严,保证各项互联网治理的规定得到落实。

(三)健全内部监察体系

在网络内部形成健全的监察体系,依据我国的互联网立法及行业标准制定保护措施,防止越权和非授权用户使用网络,对互联网设备、计算机程序及网络数据进行强制性的保护。建立内部监察队伍,成员主要包括计算机系统管理人员、分析师、程序员与互联网工程的负责人等。内部的监察人员定期监察互联网,及时发现漏洞并进行修复,与政府的职能部门密切配合,共维护网络安全运行。

（四）健全外部强制性的监察体制

从国内外的网络治理经验来看，保证网络环境安全、有序，除了依靠立法手段，还要设置统一的机构对互联网运行实施监管。外部监察机关依据法律规定协助职能部门监督网络运作，对互联网进行监察，依法惩处网络违规行为，监督国家机关对网络治理政策和规定的落实情况。

第六章　网络文化治理

第一节　网络文化乱象

一、网络文化

（一）网络文化的概念

网络文化以网络技术为依托，以网络为载体和传播平台，和网络信息有着密不可分的关系。信息技术是网络文化的外在形式，文化内容是其内在本质，网络文化作为信息技术与文化内容的统一体，仅仅从技术维度来界定是不全面的。网络文化以网络技术为基础，是通过信息传递而衍生出的全部文化活动，是文化观念与各种文化活动形式的总和。① 除虚拟性与交互性特征，网络还为

---

① 万峰：《网络文化的内涵和特征分析》，《教育学术月刊》2010 年第 4 期。

提供了一个信息交流全球化的开放平台,使全球实现即时交流变成现实,促进了全球文化的融合,给文化领域的创新提供了机遇与动力,使虚拟文化空间的发展更迅速。

（二）网络文化的形成与发展

网络文化形成的过程与传统文化存在根本的不同。传统文化是在实践中逐渐积累、提炼之后再经过一代代传承,形成的周期较长,且具有显著的稳定性。而网络文化得益于网络技术的助力,使复制、粘贴等操作变得非常容易,文化的形式要比内容更重要,是一种"快餐式"的文化,传播迅速,影响面较广,但又会很快被人们遗忘。由于网络中的信息传播具有匿名性,保证了用户的言论自由,给普通人提供了自我表达和展示的平台,赋予了网络文化以草根性特征,这是网络文化发展过程中的积极影响。虽然网络中不乏优秀的文化,但是随之而来的也有一些不容忽视的负面影响,由于网络的匿名性与网络传播的便捷性,造成了网络中的文化秩序混乱,各种网络信息的质量良莠不齐,这严重破坏了网络文化秩序。网络文化发展带来的影响具体表现在两个方面:

（1）传统文化可以通过电子形态呈现出来并进行传播,使传统文化实现了稳定保存。很长一段时间以来,文化作品的保存一直受诸多因素限制,而数字存储使这一问题得到了有效解决,呈现方式更为多样化,使文化作品实现了长期稳定保存。从网络文化的发展现状来看,网络文化的出现促进了各国文化实现友好交流;优秀的网络文学得到了广泛传播,实现了知识产权转化,实现了文化传播和文化融合的创新；草根阶层在网络文化的生产与传播当中扮演着重要角色，这大大激发了大众进行文化创作的热情。这些都是网络文化发展带来的积极影响。

（2）由于网络中的信息传播迅速、覆盖面广，这导致网络文化中存在各种乱象。网络传播的匿名性、虚拟性增加了网民在信息传播中的随意性，有一部分人忽视了网络社会中的自我规范，认为在网络中的活动不受任何道德伦理约束，将网络空间当作宣泄情绪、表达不满的平台，甚至肆意传播谣言、虚假信息和低俗内容，严重扰乱了网络社会的秩序。同时，网络中的文化呈现出同质性特征，这主要是因为网络中复制和粘贴文本几乎不需要任何成本，导致信息在重复地复制和粘贴中呈现同质化。此外，个别西方的霸权主义国家通过网络干预我国的文化发展，通过价值观渗透和意识形态渗透对我国进行文化侵蚀，这严重威胁了我国的文化安全。以上种种都是网络文化发展带来的消极影响。

二、网络文化乱象的具体表现

（一）网络文化乱象的含义

网络文化乱象本质上是网络文化失范现象，是信息技术发展至一定水平之后的一种技术衍生品，以网络为平台，主要元素包括文字、图像和声音，融合了多种互动与交流的方式，主要特征是脱离了文化中的人民立场，背离了文化的高雅追求，偏离了文化的先进性导向,消解了文化具有的教化功能。网络文化的主要形态包括粗制滥造的网络语言、肤浅庸俗的网络文学、低级媚俗的网络影音、无聊无趣的网络直播、色情网络游戏,以及对网络的整体生态、价值观念、国家的意识形态安全都可能带来无法逆转的消极影响的所有的文化呈现形式。

(二)网络文化乱象的直接表现

1. 狂欢式且无意义的网络语言

语言作为人类进行信息交流、传承文化的一种载体,其类型和形式影响着文化、信息的传播速度以及受众的接受度。世界上的语言是多种多样的,这也彰显了文化多样性的魅力。但网络赋予语言以活力的同时,也带来了种种问题。网络语言是主要的网络文化表现形式,而狂欢式无意义的网络语言是网络文化乱象当中的主要问题,这种现象的出现与传统规范的汉字应用是完全背离的,导致语言表达不规范,滋生网络语言暴力。种种网络语言乱象给语文教学、传统文化的传承以及青少年的健康成长都带来了负面影响。

2. 肤浅的网络文学

网络文学是以网络为载体的文学形式,既包含创作者个人的感性体验,又具有对网络整体的理性思考。然而,由于网络具有的特性及人们对利益的追求,导致网络文学偏离了人文追求。由于出现了大批量的工业化生产方式,艺术作品可以被大量复制,导致艺术作品具有的唯一性与永恒性渐渐被短暂性所取代,而大批量生产、复制的艺术品只存在交换价值,用金钱交换就可以获得,导致艺术作品与传统、权威产生了分离,渐渐成为一种通俗的甚至低俗的网络文化。与传统文学相比,网络文学不再具有社会意义,也不再表达时代精神,传达的主题都是世俗意义上的浅显理解,追求的是以网络技术为基础的经济利益。抹杀了文学承载的时代责任,使文学作品变得浅显、泛化,不具备文学深度。网络文学浅显、泛化的主要表现是:创作者的文学创作平面化,读者的阅读方式具有快餐式特征,传播者进行文化传播的目的功利化。

3. 媚俗的网络影音

随着网络技术的发展,网络影音呈现出的媚俗化特点越来越明显,竞争也越来越激烈,管理体制却越来越混乱,这导致网络影音的版权混乱。同时,网络影音的内容质量也越来越差,网络中充斥着暴力、恶搞的内容,它传递的是一种颓废的人生态度,对主流意识形态产生了一定破坏作用,对青少年价值观的培养产生了不利影响。[1]

4. 低俗的网络直播

近年比较火的网络直播将视频与音乐融合起来,以直播形式把媚俗、低俗的网络影音发展到了极致。当前各种网络直播风靡,其中有积极向上的内容,但更大一部分是为了谋取经济利益的低俗直播。

5. 具有暴力倾向的网络游戏

网络游戏乱象具有三大突出表现:网络游戏暴力、游戏成瘾与

---

① 王文宏:《网络文化多棱镜:奇异的赛博空间》,北京邮电大学出版社 2009 年版,第 102 页。

网络游戏广告。网络为游戏者开展暴力活动提供了虚拟空间,一部分人通过在虚拟空间中做英雄来释放现实生活中的压力。网络游戏中追求"暴力美",它源于实际生活,因此玩家能通过游戏获得一种真实感。游戏中的暴力美是通过音效和视觉表现来突出真实性的,可以让玩家通过游戏中的暴力感产生心理上的满足。长期沉迷于这类游戏,会对人的生理和心理带来不利影响,暴力性的网络游戏容易引发青少年犯罪,引发一系列社会问题。同时,还有一些游戏运营商通过网络大量投放游戏广告,特别是在网络中的视频平台。常用手法是用充满暴力的打斗场面、穿着暴露的角色来吸引用户,青少年极易被这些画面蛊惑。网络游戏运营商通过大量投放广告吸引了更多用户,暴力网络游戏使他们渐渐沉迷。网络成瘾导致用户的自我控制力逐渐降低,沉浸在虚幻的游戏场景中,失去了生活的积极性。

第二节　网络文化乱象的负面影响

一、网络文化乱象对整体网络环境的影响

(一)严重破坏了网络文化的多样性

无论是发展本民族文化还是促进世界文化的繁荣,都要尊重文化的多样性。为尊重文化多样性,各国、各地区的文化交流

活动必须以尊重文化差异为基础,平等交流、公平竞争,尊重不同文化进行自由创造的基本权利。网络为各国文化交流和呈现提供了平台,不同文化通过网络实现交融并彰显自身的特色。多元互通为文化的融合及发展提供有力支撑,但网络文化乱象却打破了多元文化和谐发展的格局,网络文化渐渐走向平庸,甚至出现了文化霸权,文化的多样性被破坏,各具特色的民族文化、地域文化通过粗暴、扁平化的方式处理之后,渐渐失去了原本的活力。

（二）消解了网络主体的创造性

当前,电子媒介已实现全面普及,以往的阅读形式、书写形式等也发生了改变,电子媒介重新构建了人际关系以及人与物之间的关系。网络中的文本具有可逆性,且内容增删更为便捷,这种书写形式对作者的权威性构成了威胁,出于对自身权威的维护,作者会使用计算机的复制与粘贴功能来丰富作品的内容。这时,抄袭和借鉴之间的界限就变得尤为关键,便捷的复制、粘贴功能使创作主体的创造性思维逐渐被消解。

（三）破坏了网络环境的稳定性

网络社会的文化秩序以个人理性的有限性、知识的分散性为基础,人们在网络环境中行动必须经过"试错过程""适者生存"的实践和"积累性发展"的方式逐渐形成自发性的秩序。在乱象丛生的网络空间中,要保证网络空间的秩序,需要所有网络主体积极参与,自动维护网络秩序,政府与社会组织在管理当中无法形成有效合力,网络社会中的文化乱象严重破坏了网络秩序。

二、网络文化乱象消解了传统价值观念

(一)一些青少年价值取向被异化

网络技术扩大了全球青少年的交往范围。青少年的心理和智力尚未发展至成熟阶段,还没形成稳定的价值观,很容易受到一些不良因素的影响,网络中的文化乱象极易导致一些青少年的价值观发生异化。

(二)公民的自我约束力下降

在各种网络文化乱象中,有一类是反讽式恶搞,主要通过图片、文字、视频等方式表达个人的观点,以无厘头的方式对社会热点进行解构。解构社会事件过程中传达的价值观,会潜移默化地改变社会大众评判事物的标准。通过这种消极而激烈的解构行为,大众彻底释放自身的娱乐精神,失去了外在的约束,再加上个人自省意识的缺失,公民的自我约束能力大大降低。

(三)滋生历史虚无主义

网络文化从一定意义上解构了历史文化。网络文化的快餐

化、碎片化特性决定其主要通过简单、直白的方式呈现日常事件，对于事件背后的历史渊源不进行深入探究，不以审视的眼光看待文化及艺术现象，仅仅站在娱乐的角度对事物形成浅层次的认知，这种浅层认知取代了深入思考。网络文化的兴起消解了大众对于"精英文化"以及历史经典的崇敬，使大众对于"精英文化"的向往逐渐淡化，在关注短期利益、充分张扬个性的过程中，放弃了长远追求和一贯坚持的理想信念，导致大众的历史虚无主义慢慢滋生。

三、网络文化乱象对主流意识形态造成了冲击

意识形态对于文化的发展方向及发展道路具有决定作用。网络中的主流意识形态阵地是现实社会中意识形态的虚拟化，网络活动源于现实生活，这决定着网络意识形态源于现实社会，并直接受政治力量和大众意志影响。而网络中出现的文化乱象对社会大众带来了直接的不良影响，扰乱了大众的理性思维，加上网络思想宣传的方式不恰当，导致我国网络社会中的主流意识形态阵地的话语权、权威性等出现了危机。

（一）弱化了主流意识形态的权威性

网络中的文化空间是网络时代进行主流意识形态宣传的新阵地。但是，网络文学、网络语言、网络直播、网络影音与网络游戏当中掺杂的多元化价值观念与意识形态，使主流意识形态在大众心

中的主导性与权威性逐渐弱化,使网络中主流意识形态阵营存在的合理性被削减,具体而言表现在为制度层面与心理层面的合理性均被弱化。

(二)冲击主流意识形态在网络中的话语权

由于各国的网络技术发展水平不一,不同国家在网络技术方面存在一定的差距,发展中国家与发达国家之间存在数字鸿沟,某些技术领先的发达国家在网络社会中掌握话语权,甚至利用这一优势对我国进行意识形态方面的渗透,实行文化扩张,冲击我国主流意识形态在网络中的主导地位,削弱了社会主义核心价值观的影响力。

(三)削弱了主流意识形态的舆论引导力

舆论引导和舆论控制是相伴而生的。现阶段,我国主要通过信息安全控制与检测中心这一机构来实现对网络信息的监督与管理,通过关键词屏蔽机制保证一定范围内的信息安全。但由于文字的组合形式多样,导致这一控制方式的效果有限。还有一些黑客用技术手段蓄意阻断信息流,这使舆论引导的难度进一步提升。新的技术手段使网络媒介比传统媒介的信息辐射范围更广、渗透力更强,同时也导致网络空间的文化渗透与侵蚀愈演愈烈,增加了合理过滤意识形态类信息的难度。

第三节　治理网络文化乱象的理论依据

一、网络文化乱象治理的相关理论

（一）和谐的网络文化

文化和谐是社会和谐的一大基本前提。网络文化是以网络技术为基础发展而来的一种新的文化形式。因此，实现网络文化和谐是建设和谐网络社会的一项重要保证，也有利于促进和谐社会的建设。首先，我们要明确和谐网络文化的内涵。阳国亮认为："和谐网络文化的要义在综合网络技术要素的同时，也应将我国的基本国情纳入考虑范畴，它应当是立足于马克思主义思想高度、顺应中国特色社会主义发展潮流的、融汇古今中外优秀文化成果的网络文化表现形式。"[①]笔者认为，在中国特色社会主义先进文化语境之下，和谐网络文化就是在信息时代以互联网技术为物质依托，以和谐思想为价值取向，以倡导社会主义主旋律为基础，倡导多元化、包容性、和谐共生的一种人文情怀，构建多元文化交流、融合的和谐网络环境。鉴于此，以和谐网络文化为出发点，治理当前的网络文化乱象必须处理好自由和管理、一元和多元、传统与现

---

① 阳国亮:《建设社会主义文化强国必须培养高度的文化自觉和文化自信》,《广西大学学报》(哲学社会科学版)2012 年第 3 期。

代、网络文化与社会文化之间的关系,使其和谐共生。以坚守我国的主流意识形态在文化领域的主导地位为前提,发扬优秀的传统文化,有选择地吸收外来文化中的有益部分,通过兼收并蓄保证网络文化和谐发展,为社会主义和谐社会的建设夯实思想方面的基础。

(二)人本管理理论

西方的人本管理理论起源于泰勒提出的"科学管理理论",霍桑的"人际关系学说"是对这一理论的进一步发展,马斯洛的"需要层次理论"使这一理论发展至成熟。在我国,春秋战国时期的儒家学说中出现了人本管理思想的雏形——孔子提出的"爱人贵民"的管理思想就具有人本管理的倾向。中华人民共和国成立后,马克思主义在我国得到了广泛传播,其人本观念也逐渐深入人心。马克思将人作为社会管理的研究对象,强调人在创造历史、改造历史的实践中具有能动性。人本管理理论能够提高管理效率,充分发挥人的积极性与主观能动性,激发人的创造潜能,这已经得到了管理界的广泛认可。国内学界也对人本管理进行了系统研究,但大部分都是从企业管理的角度入手,极少有人从文化管理层面开展研究。无论从治理主体角度,还是从治理对象的角度来考虑,具有主观能动性的人都居于核心地位。网络文化是由人创造出来的,其传播过程和治理过程的对象都是人,因而网络文化治理并不抽象而是非常具象的。网络文化随着网络技术和社会文化的发展而不断更新。因此,要用发展的眼光看待网络文化的治理,网络文化治理并非一成不变。治理网络文化乱象需要对人的行为进行纠正与改造。因此,其基本前提是将人假设为可以教化的,而不是纯自然的。以上观点均与马克思主义人本论中的基本观点是一致的,体现出了我国古代的管理思想和西方的人本管理理论当中的精髓。

高水平的技术需要高层次的情感进行协调,我们应该在技术的物质性与人的精神性之间找到平衡点。① 虽然网络文化离不开计算机技术的支持,但绝对不能将人视为技术的附属品任由技术控制。在治理网络文化乱象的过程中,要意识到人才是网络社会的主体,治理绝对不能急于求成,要重视网络文化的人文精神。当前我国治理各种互联网文化乱象要坚持以人为本的原则,并将这一原则与人本管理相融合,在以理性化、技术性为主导的治理中融入人文关怀,采用合理的方式进行治理,关注长期的治理成效,将人的感受与需求作为关注重点,在满足当前社会大众的精神文化需求的同时,逐步提升网络文化乱象的治理成效。

(三)网络化治理理论

网络化治的理论最早是由企业管理领域提出的,常用于企业的微观管理。当这一理念进入公共管理当中并被应用于政府管理,学术界开始对这一治理理论性行深入而系统的研究。网络化治理是一种多中心的治理方式,包含自上而下的治理与自下而上

---

① 张跣:《重建主体性:对"网红"奇观的审视和反思》,《中国青年社会科学》2016年第6期。

的治理两种体系,将平行的网络组织、分权而治的管理格局以及分割的公共决策过程融合起来。这种治理模式充分体现了社会管理中资源共享的理念。

1. 网络化治理的主体

由于网络主体具有多样性,这直接决定了网络文化中的乱象具有复杂性,仅靠单一力量很难实现有效治理,是由政府、社会力量以及非政府组织与机构共同合作,才能保证治理的有效性与全面性。以各类主体自治为基础,并在政府的引导下建立横向联系,在网络化治理中产生合力。这样能够使政府的施政压力大大降低,也能激发全社会广泛参与社会公共事务管理的积极性。

2. 治理中各方的互动方式

在网络环境下,网络用户的行为与情绪很容易走向极端。因此,那些忽视用户自身的自主性的治理方式,有的太过温和,发挥不了实际管理作用;有的太过激进,引发网民更激烈的反抗。这两种方式的管理成效最终都是事倍功半的。网络化治理的理论主张采用协商与谈判模式进行治理,使各方互相理解并建立信任之后,联合开展行动。这样能够让社会公众理解、认同政府实施的政策,进而积极配合,为了同一个网络治理目标而行动。

3. 行动范围

网络空间具有的特性导致我们无法对网络文化乱象进行无死角的全面监控。因此,相较于被动管理,引导用户自我约束、主动自省更具有可行性。这契合了网络治理所倡导的"在一定自我管制范围内进行网络治理"的理念。

综合上述三点内容可以看出,网络化治理理论强调在正式的网络结构当中,通过非正式的协同关系促成各行为体实现互动与合作,采用多中心的治理结构、互利互惠的治理策略和动态治理的过程,以达到最理想的网络治理效果。这一理论对于当前网络文化乱象的治理具有重要指导意义。

二、治理网络文化乱象的实践

(一)以政府为主导的网络治理

优秀的网络文化可以丰富人们的精神生活,提升人的审美情趣,使人的眼界更加开阔。而网络文化中出现的乱象则会对人价值观念和的思维方式产生负面影响。政府是维护社会稳定的主要力量,因而在网络文化的管理中也具有主导性。

在中国特色社会主义先进文化建设中,强调的是文化自信。党的十九大报告中指出:没有高度的文化自信,没有文化的繁荣兴盛,就没有中华民族伟大复兴。[①] 在网络文化乱象频生的时代背景下进行先进文化建设,就是要巩固中国特色先进文化的思想地位,建设中国特色社会主义先进文化。在具体举措上,政府必须注重治理形式的大众性与多样性,以社会大众所喜闻乐见的方式进行,最终达到文化自信、文化自觉的目的。除了常规的标语宣传、

---

① 习近平:《决胜全面建成小康社会　夺取新时代中国特色社会主义伟大胜利——在中国共产党第十九次全国代表大会上的报告》,人民出版社 2017 年版,第 47 页。

讲座宣传等手段以外,也应该主动考虑融合现代网络技术的科技元素,以兼具娱乐性与关注度的文艺产品创作,形成寓教于乐的文化建设形式。现如今,各大视频网络平台都在推出自己的网络自制短剧,从点击量可以发现,它们的受关注度远远胜过电视、广播、报纸这些传统的文化创作平台作品,因此,政府可以充分利用自己的计划、组织、协调、控制职能,利用自身的资源整合能力和人才调动能力,主导一些具有先进文化特色的网络文化艺术产品创作,在作品质量和内容上都进行严格把关,并大范围推广到各个网络平台,从而使网络大众能够在观看文艺作品、接受艺术熏陶的同时,在潜移默化中接受中国特色社会主义先进文化的洗礼,增强对自身社会主义文化的认同感。

(二)媒体在网络治理中发挥协助作用

网络文化的发展需要有科学合理的标准引导,为网络文化发展指明方向。政府通过立法制定网络文化的标准。大众媒体具有极强的信息传播能力,通过信息传播影响受众的行为与态度。媒体平台协助政府治理网络文化,对网络言论进行正确引导,使受众按照法律法规和具体准则开展网络活动。

(三)高度重视网络的行业自律

道德规范依赖于人的自律精神才能发挥约束作用。个体的自律比具有强制性的法律规定更有意义。人是道德自律的直接践行者,个体主动实施自我管理之后,才能使整个群体实现自律。在网络文化治理中,要营造良好的文化环境,个体必须严格遵循道德规范。同时,网络运营者和服务提供商也要主动承担起社会责任,严格遵守行业要求,规范自身的生产经营活动。个体自律与行业自律的区别处要体现在影响范围上:个体自律只能影响自身,而行业自律除了对自身有约束力,在群体中同样具有约束力,还能发挥行业准则的影响力,吸引更多的主体实现行业自律。

三、网络文化乱象治理的基本原则

(一)坚持原则性和灵活性有机结合

网络文化乱象是在互联网领域衍生的,互联网的信息传播速度、影响范围与影响力度等是传统媒体难以达到的。因此,网络文化乱象治理除了要坚持原则性,还要从网络的特性出发,发挥灵活性原则的作用,将原则性、灵活性结合起来开展网络文化的治理工作。

原则是经过实践检验之后才形成的。所谓的原则性,在意识形态领域指顺应主流的价值观,与国家利益、民族利益代表的价值立场一致;如果从主体的行为导向来看,指的是不违反国家的法律,不损害他人的合法权益与人格尊严的一种底线性的行为准则。在我国网络文化乱象的治理当中,原则性主要表现为自觉遵守国家制定的关于网络的法律法规,认同并自觉践行网络文化领域中的主流价值观念。法律在网络文化乱象的治理中具有至高无上的地位,任何地方性法规不得与其规定相违背。

灵活性就要做到具体问题具体分析,遇到问题要选择最合适的解决对策,在制定治理计划时要留有余地,以便随时根据实际情况进行调整。在治理网络文化乱象的实践中,遵循灵活性原则是非常重要的。文化的表现形式是多种多样的,涉及的范围非常广泛,法律是一种底线,明确了禁止行为,但不能事无巨细地规范各类网络文化行为。仅依靠强制性措施,如封号、删帖、罚款等根本无法实现全方位的高效管理,反而还可能激发网民的抵抗情绪,使网络中的人际关系更加紧张;采用疏导式的网络治理模式,采用刚柔结合的手段进行网络文化治理,能够有效避免网络主体情绪极端化。

总体而言,以原则为管理基础,灵活是管理方法的进一步发展,灵活变化要严格控制在原则限度之内,同时对原则产生反作用,二者是相互作用的。

(二)兼顾高雅与通俗

从本质上来看,高雅的文化具有艺术性,源于生活却高于生活;通俗文化更接地气,它来自生活,同时也真实地反映生活,是对生命本真的一种还原。高雅文化是由通俗文化升华、凝练而来的,却与通俗文化有着明显的区别。高雅文化和通俗文化都是某个时代的情感汇聚,是一种思想结晶,能够引发人们的情感共鸣。高雅文化与通俗文化的受众群体不同,两种文化的存在都具有合理性。在艺术欣赏水平较高的人看来,王羲之的书法、伦勃朗的油画、贝多芬的音乐、雪莱的诗歌都是超凡脱俗的艺术品,但缺少艺术天赋的人是很难理解这些艺术作品的精妙之处的。他们热爱的可能是街头巷尾传唱的流行歌曲、通俗的相声和小品,甚至是热闹欢腾的广场舞。而喜欢高雅文化作品的人很难欣赏这些文化形式,更无法从中感受到美好。品位高雅或通俗与个人的成长环境、受教育水平、个人综合素养等有直接关系。因此要尊重个体的文化选择,要让个体能够根据自己的审美情趣获取不同的文化资源,就必须要保证网络文化的多样性,使高雅文化与通俗文化都得到充分发展。

(三)人民性与大众性融合

得益于网络技术的发展,中西方文化的交流和融合水平达到了空前的程度。在这样的背景下进行网络文化治理,必须坚持大众性、人民性相融合的原则,在文化交流、融合的过程中保护本民族文化的特色,同时赋予民族文化源源不断的发展动力,使其能够走向世界。

文化的人民性指的是文化能够体现社会中的主流价值观念,能反映民族的精神与时代的精神,能够产生强大的民族凝聚力。文化的大众性则是指以网络全球化这一背景为基础而形成的相应的体验、感受或情趣。在全球化背景之下形成的大众性的文化打破了地域的界限,消除了身份的差异。基于这样的超越性与共同性,大众性的文化更易被人认可和接受。在治理文化乱象的过程中,特别是关乎意识形态的问题,既要宣传人民性的文化,又要兼顾大众性文化,满足大众多样的文化需求。

　　我国的网络文化治理要以人民性为基础,同时使网络文化实现大众性的发展。在文化多元的网络空间中,必须坚定社会主义文化立场,不断巩固主流意识形态在文化中的主导性地位,强化主流意识形态宣传阵地的建设,通过恰当的方式进行宣传,以大众喜闻乐见的方式呈现文化具有的民族性特征,使大众在心理上接受人民性的文化,这是当前的首要任务。文化具有的人民性,应通过大众性形式呈现出来,这样能使手段和目的一致。以往宣传主流意识形态采用的是口号式的宣传模式,但网络空间的文化传播具有双向性,采用这一宣传模式并不能达到理想的宣传效果。当一种文化被广大的人民群众真正认可之后,才具有生命力。因此,治理网络社会的文化乱象,必须将文化的人民性与大众性充分融合起来。

第七章　网络文化安全问题

第一节　网络文化安全的相关概念

一、网络文化安全的定义

现阶段,学界还没有对网络文化安全给出统一的定义,不同学者从不同角度进行研究,还没有形成统一的说法。李桂平从信息学的角度来研究网络文化安全,他认为:"网络文化安全是在发展信息系统网络过程中重视安全问题,在信息系统和网络之间的利用与相互作用的过程中采用新的思维和行为方式,建立一个能够综合考虑所有参与者的利益,以及系统、网络和相关服务性质的方法。"①徐龙福等从文化安全的角度进行了研究,他们提出:"网络

---

① 李桂平:《网络文化安全法律与对策研究》,《山东纺织经济》2012 年第 11 期。

文化安全属于国家文化安全的范畴,具有重要的意义,是安全在网络文化领域中的具体反映。"①北京邮电大学的杨义先教授从技术角度对网络文化安全进行了研究,并提出:"网络文化安全的主体就是信息内容安全,其主要内涵包括六大方面:①政治性上,防止来自国外反动势力的攻击、诬陷和西方的'和平演变'图谋;②健康性上,剔除色情、淫秽、暴力等内容;③保密性上,防止国家机密信息和商业机密被窃取、泄露和丢失;④隐私性上,防止个人隐私被盗取、倒卖、滥用;⑤产权性方面,防止知识产权被剽窃、盗用等;⑥破坏性上,防止计算机病毒、网络蠕虫、垃圾邮件等对网络系统进行恶意破坏。"

　　除了通过以上几个角度对于网络文化安全进行定义之外,还必须从意识形态角度来界定网络文化安全,指出网络文化安全意识的重要性,明确网络文化安全对于促进社会主义意识形态建设具有重要作用,强化网络文化安全意识,有效防范西方文化霸权主义国家通过网络渠道对我国主流意识形态进行侵蚀。因此,笔者将"网络文化安全"定义为:网络文化安全指的是一国网络文化系统能持续保持良性运转且免受不良信息的侵害,为本国整体文化价值体系的发展持续提供动力的同时使本国的意识形态在网络领域始终占据主流地位。

---

① 　徐龙福、邓永发:《社会信息化发展的网络文化安全》,《江汉论坛》2010 年第 11 期。

二、网络文化安全的构成

网络文化是由四大方面构成的,包括物质、制度、精神和行为。因此,要保证网络文化安全,必须从这四大方面的安全性着手。

(一)网络物质基础安全

网络物质基础安全主要指支持网络运行与传输的各种基础性的设备,既包括硬件设备,也包括各种软件产品,如杀毒软件、防火墙等。保证网络中的物质安全,是实现网络文化安全的基本要求,也是网络文化安全的一大构成部分。网络设备安全,能避免网络文化受到网络病毒、黑客等的恶意攻击,保证网络文化有序运转。

(二)网络制度安全

网络制度包括维护网络有序运行的各种法律规定及相应的制度要求。要构建网络文化安全体系,必须发挥法律与制度具有的关键作用。以完善的立法和制度为网络安全事件的解决和处理提供有效依据,进而保证网络文化的安全。

(三)网络精神安全

网络精神层面的安全在网络文化安全中居于核心地位,其中包含了与网络安全相关的理论、心理、意识等精神层面的内容。在网络文化交流中,用户对于网络安全的理论的理解水平以及网络安全意识具有重要意义。只有当用户对网络文化安全的相关理论形成较为全面的认知，具备一定的网络文化安全意识之后，才能有效保护自身在网络中的信息安全，自觉抵制不良文化的影响，一旦遇到网络安全问题，能够采取有效的措施及时解决。

（四）网络行为安全

网络行为安全是指网络用户的行为方式给网络文化安全带来的影响。网络用户在网络文化的交流中是主体，其行为与活动直接影响着整个网络文化的安全性。要建设健全的网络文化安全保障体系，必须对网络用户在网络中的行为给予高度重视，不断提升网络使用者的道德素质与安全意识，使网民按照规范与要求开展网络活动。

第二节　网络文化安全方面的问题、危害与根源分析

一、网络文化安全出现的问题

（一）过度的网络自由损害了个人自由

网络文化具有高度的开放性与自由性，赋予了网络用户极大的自由权，但同时也带来了一些负面影响。过度的网络自由不利

于个人隐私的保护,严重时还会引发大型的信息泄露事件,甚至会成为诱发网络暴力的导火索。不同的网络平台为用户提供了多种发表观点和意见的渠道,但同时也对个人的隐私造成了威胁。随着网络技术不断升级,黑客的数量也逐渐增加,在网络舆论的引导下,这些黑客会通过技术手段获取用户的隐私信息,并在网络中公开,导致被攻击的对象遭受网络和现实社会的双重压力,有时不仅影响个人的正常生活,还会对被攻击对象的家人、朋友甚至同事造成困扰,严重时会危及个人的人身安全和财产安全。被攻击对象可能违反了社会公德或违背了公序良俗,网民们因此站在道德高度对其施加网络暴力。但有一些被曝光隐私信息的人是无辜的,他们并没有做什么,却遭到恶意攻击。恶意曝光个人信息严重侵害了公民的隐私权,网络中的信息自由对个人在现实中的自由造成了损害。

除网络暴力会对个人的实际生活产生消极的影响以外,网络文化安全的缺失也会导致知识产权遭到侵犯。由于网络文化有着显著的开放性与互动性,网络中的大部分资源都是免费共享的。如果网络平台中有些电影或音乐作品由于版权限制需要付费观看或收听,一部分人会通过多种渠道寻找盗版的免费资源,不再专门付费获得正版的播放权。除了音乐作品和电影的盗版,网络中的文学作品也常常被抄袭。近几年网络文学得到了较大发展,很多网络小说被改编成了电影或电视剧,网络文学渐渐实现了产业化。同时,由于当前网络知识产权的法律体系还不够完善,常常出现网络小说被剽窃的现象,甚至有一些知名导演公然抄袭网络小说,原作者维权非常困难,即使通过司法程序在法庭上胜诉,相关的权益依然得不到落实。没有强制性的法律规定来规范侵权人的行为,导致被侵害人的权益得不到切实保障。

(二)网络信息缺少统一的质量标准

网络文化中信息质量标准的缺失带来了两方面的问题:①标准的缺失使信息甄别的成本增加;②为不良信息与有害信息的传播提供了机会。

网络文化不断发展,使信息加工和传播所需的成本明显降低,这是网络文化具有的优点。同时,网络文化的发展使传统的信息质量标准变得模糊。代表着"精英文化"的专家权威不断减弱,而一般人具有了更多话语权,而且这部分人的话语权在不断提升,由此导致网络中的各类信息质量参差不齐。用户辨别和选择信息的难度更大,需要耗费更多的时间与精力来筛选所需的信息资源。虽然信息是免费的,但是用户投入的时间成本却增加了。信息标准缺失,容易导致用户被信息误导,会给用户带来消极的影响。

网络中的有害信息包括谣言、诈骗信息、迷信信息、暴力信息与淫秽色情信息等。有害信息的传播会引发网络文化安全问题,同时也会给社会文化带来严重危害,给用户的精神生活带来负面影响,消极、负面的信息不利于正确价值观的养成。很多不良信息都源自虚假信息,有效抵制虚假信息在网络中传播,对网络舆论进行正确引导,严厉打击网络犯罪,才能保障网络文化的安全。

（三）网络信息自由选择引发"群体极化"风险

网络中的信息交流呈现出随意性与即时性特点。用户往往从自身的喜好出发来选择信息,信息选择的过程缺少约束,往往会引发"群体极化"。群体极化指用户在网络中以自身的偏好为依据,只相信自己想看到的内容,会主动屏蔽不同的观点和思想,阻碍了不同观点和思想的交流与碰撞,导致不同群体在自身偏好的指引下越走越远,逐渐发展至极端。群体极化会对民主政治的推进带来阻力,甚至会引发社会走向分裂。网络文化信息的自由选择导致的群体极化,具有很大的风险。在群体极化的影响下,民主社会存在的根基会逐渐被侵蚀。①

二、网络文化安全问题的危害性

（一）威胁信息安全

信息安全是信息系统处于被保护状态,不因偶然原因或者恶意攻击而被破坏、泄露或更改,系统能够正常运行,不中断地提供信息服务,最终保证业务连续开展。② 信息安全同网络文化安全之间为交叉集合关系。通常,信息安全既包括网络环境下计算机安全操作系统、各种网络安全协议、安全机制（数据加密、数字签

---

① 安德鲁·基恩:《网民的狂欢:关于互联网弊端的思考》,海南出版公司2010年版,第43页。
② 钱纪初:《浅论信息安全的重要性》,《今日湖北》2015年第10期。

名和消息认证)、网络安全系统等(如 DLP、UniNAC 等),也包括传统模式的信息传播的过程当中的各种安全保障,如斯巴达人传达军事计划所使用的"密码棒"①、罗马时代恺撒大帝保护重要军事情报所用的"恺撒密码"②及近代的"摩尔斯电码"③等。

　　网络文化安全问题是信息安全问题的内容之一,习近平总书记在中央网络安全和信息化领导小组第一次会议上发表重要讲话指出,要完善国家网络安全保障体系,就要强调网络安全和信息化是事关国家安全和国家发展、事关广大人民群众工作生活的重大战略问题。网络文化安全问题,特别是网络物质文化的安全问题,会严重威胁我国的整体信息安全,如果网络物质体系的风险防范能力不足,就会导致网络中的信息被泄露。这除了会损害个人的隐私,危及个人生命与财产安全,还会影响我国网络企业的发展,甚至使政府的公信力降低。尤其在"互联网+"时代,各种信息爆炸式增长,互联网与教育、医疗、政治、金融等各行业实现了充分融合,各个领域在利用大数据、云计算与移动互联网络等的技术优势

---

　　①　在密码学里,密码棒是个可使的传递讯息字母顺序改变的工具,由一条加工过、且有夹带讯息的皮革绕在一个木棒所组成。在古希腊,文书记载着斯巴达人将此用于军事上的讯息传递。

　　②　恺撒密码作为一种最为古老的对称加密体制,在古罗马的时候都已经很流行,他的基本思想是:通过把字母移动一定的位数来实现加密和解密。明文中的所有字母都在字母表上向后(或向前)按照一个固定数目进行偏移后被替换成密文。例如,当偏移量是 3 的时候,所有的字母 A 将被替换成 D,B 变成 E,以此类推 X 将变成 A,Y 变成 B,Z 变成 C。由此可见,位数就是恺撒密码加密和解密的密钥。

　　③　摩尔斯电码(又译为摩斯密码,Morse code)是一种时通时断的信号代码,通过不同的排列顺序来表达不同的英文字母、数字和标点符号。它发明于 1837 年,发明者有争议,是美国人塞缪尔·摩尔斯或者艾尔菲德·维尔。摩尔斯电码是一种早期的数字化通信形式,但是它不同于现代只使用 0 和 1 两种状态的二进制代码,它的代码包括五种:点、划、点和划之间的停顿、每个字符之间短的停顿、每个词之间中等的停顿以及句子之间长的停顿。

时,更应该高度重视信息安全方面的问题。保证网络基础设施方面出现的安全问题能够及时得到解决。只有这样,才能为整体的网络信息安全提供保障。

(二)危害国家政治及经济安全

马克思、恩格斯把物质生产的过程及其交互形式视为社会存在,将道德、宗教、哲学等各种理论产物和形式作为社会意识。马克思主义唯物史观认为,社会存在决定着社会意识。[①] 同时,社会意识对于社会存在具有一定反作用。先进社会意识是反映着社会发展的客观规,对于社会的发展有着促进作用,而消极社会意识是与社会发展的规律相违背的,会阻碍社会发展。网络文化是文化的一个分支,也属于社会意识的范畴。网络文化的出现促使我国政府对网络的治理呈现出多样化的特征,而伴随网络文化产生的一系列网络技术对于我国经济的发展产生了推动作用。对于网络文化具有的影响和作用,需要辩证看待,因为任何事物都具有两面性。网络文化中不仅有先进、积极的内容,也有落后、消极的内容,这部分内容会对我国经济、政治的发展产生阻力。

(三)网络文化安全问题对传统道德观念与意识形态造成冲击

网络文化在扩宽大众视野、丰富民众文化生活的同时,也冲击

---

① 朱荣英:《马克思恩格斯哲学研究的当代视域》,人民出版社 2015 年版,第 96 页。

着我国传统的道德观念及意识形态。一部分人由于受网络中扭曲价值观的影响,精神上变得空虚、迷茫,严重时甚至会威胁社会主义意识形态在社会中的主流地位,绝对不能任其自由发展。

1. 网络文化对既有道德观念的冲击

由于网络环境具有虚拟性,个人在网络当中的言论与行为没有前置的监督者。个人是传播网络文化的主体,用户可在网络中发布信息、浏览网页,还可以与他人进行互动,而不受任何干扰与限制。网络中文化传播呈现出的个体独立性引发了严重的个人主义。所谓个人主义是将自身的需要放在首要位置,所有行为的出发点与最终归宿都是个人利益,个人利益高于一切。个人主义发展到极端状态之后,个人甚至会为了达到自身的目的不惜损害他人利益和集体利益。网络文化尊重个体的差异与个性,这在一定程度上导致个人主义逐渐蔓延。

网络文化滋长了个人主义,也导致享乐主义盛行。网络环境中鱼龙混杂,相对于秉持奉献精神、舍己为人精神的传统道德观念而言,一部分人更容易受享乐主义、拜金主义等不良价值观念的影响。网络将色彩斑斓的花花世界呈现在大众面前,一些人难免会向往奢侈品和奢侈的生活,追求物质满足感。为了将奢靡的生活变成现实,一部分人甚至走上了违法犯罪的道路,例如组织网上赌博活动、传播淫秽色情信息、开展网络诈骗等非法活动。某种程度上,网络成了享乐主义的催化剂,导致享乐主义日渐泛滥。

2. 网络文化给意识形态带来了冲击

网络的全面普及为我国社会主义意识形态体系的构建提供了

更加广阔的平台,但也在一定程度上冲击了社会意识形态的主流地位。网络文化具有渗透功能,这为西方敌对势力对我国进行文化渗透提供了条件。

网络具有高度的开放性,将不同的文化、生活方式、意识形态、价值观等集中呈现了出来,为人们认识和了解不同的文化与价值观念提供了一个全球性的公开平台。随着网络的传播,人们可以自由地接触各类信息。这样的自由性使社会主义意识形态的主流地位面临严重的威胁。网络文化不仅冲击了我国主流意识形态的地位,也削弱了其权威性。网络文化是多向传播,网络文化使人们在接受信息时具有主动性,在选择信息时具有自由性,用户在信息传输的过程中居于主动地位。导致政府在意识形态领域的影响力减弱,有时候民众更愿意相信网络中的普通大众和业余人士,甚至会站在政府的对立面。现在大部分的数新闻内容是碎片化的,只强调关键词。许多不良媒体为了提高点击率,刻意通过一些吸引眼球的标题吸引读者,甚至不顾及信息的价值和真实性,有时候还会用一些误导性的词语歪曲政府的行为,导致群众对政府产生了抵触心理。用户可以针对网络中的信息表达自己的观点和意见,导致官方的声音被淹没,严重削弱了政府在舆论引导当中的权威性。

三、引发网络文化安全问题的根本原因

(一)西方文化霸权主义的威胁

实行文化霸权主义的国家是从本国利益与战略目标来考虑,

把本国的生活方式、意识形态、价值观、道德体系等视为"普世"标准，对其他国家做出文化扩张与渗透的行为，迫使他国接受自己的价值观念及意识形态，进而控制和影响世界事务，对其他国家内部的发展过程施加影响的一类霸权行为。文化霸权是西方霸权及西方外交战略中的重要组成部分，也是近代的殖民主义在文化这一领域中的延续。最早在鸦片战争的时候，西方就通过文化霸权主义对我国的思想文化施加影响，当时主要通过商品贸易和传教士以宗教文化传播的方式进行。第二次世界大战结束后，世界总体格局发生了重大变化，美国成为资本主义国家的霸主。以美国为代表的一些西方国家，为了遏制中国共产党的进一步发展，在向国民党反动派提供物质力量的同时，还向中国输出资本主义的文化产品，对我国进行文化侵袭，试图争夺意识形态阵地。中华人民共和国成立之后，世界已呈两极格局而进入冷战状态，我国同西方大部分的资本主义国家的关系紧张，国内对于资本主义国家有非常强烈的抵触情绪。此时尽管美国通过"美国之声"等媒体形式向我国传输意识形态，编造谎言损坏我国在国际上的形象，试图将美国的资本主义价值观植入我国，但实际上这种"和平演变"的文化侵袭一直被国人抵触，美国的阴谋没有得逞。改革开放之后，我国与资本主义国家之间的交流日渐频繁，交流的内容逐渐增多，交流范围也在逐渐扩大，西方的一些文化产品在我国的影响也逐渐增强。虽然西方各国与我国在文化方面一直在进行密切交流，但西方一直没有放弃"和平演变"的策略，始终试图通过意识形态渗透颠覆我国的主流文化与意识形态。

目前,世界经济已发展成全球化市场经济,使全球内各国的政治、文化、经济等各领域实现了密切交流,再加上网络技术兴起,消除了地域与时间方面的限制,使不同国家间的文化交流更频繁、快捷。在这些背景下,西方的资本主义国家利用网络技术上的优势掌握网络世界的话语权,推行网络霸权政策,并将文化霸权当作国家的一种重要战略资源。西方国家利用技术优势,不断争夺全球文化阵地,通过电视剧、电影等多种形式传播网络文化,深刻地影响着国民的生活方式与价值观念,冲击了我国主流意识形态在文化领域的地位。资本主义意识形态与我国的社会主义意识形态是对立的,网络文化霸权注意严重威胁到社会主义意识形态在文化领域的主流地位。我们在抵御西方的文化霸权主义时,更要进一步强化社会主义意识形态方面的建设工作。

(二)管理制度存在缺陷

我国的网络文化存在安全问题,除了西方文化侵袭等外部因素以外,最主要的原因是我国推行的网络文化管理制度存在缺陷。管理制度层面的主要缺陷包括:行政监管方面的制度不健全、相关法律法规不完善、网络管理技术落后等。

1. 监管制度不够健全

目前,我国还没设置单独的行政部门来专门负责网络信息监管工作,不同的部门只能从互联网相关的立法出发分别对网络进行监管。这导致网络行政管理的效能低,学者蔡滨荣对此曾表示:"我国对互联网的管理采用的是传统条块分割的管理方式,不同部门分头管理,无法共享各类信息资源,在管理中无法形成合力,达不到齐抓共管的治理效果。"①目前,互联网监管制度方面的相关问题已得到了国家层面的重视。实际上,我国的网络文化安全存在问题,除了行政管理效能较低这一原因之外,行政部门工作人员的网络文化安全意识不足也是一个重要原因。职能部门工作人员的实际工作能力、工作素质直接影响着政府部门的网络治理能力。

相比之下,西方的网络监管制度就相对完善。2009 年,英国实施了国家网络安全战略,并成立网络安全办公室与网络安全运行管理中心,主要负责协调英国的网络安全方面的工作,对相关部门的工作进行统一协调,实时监测网络空间的安全隐患。因此,我国在网络治理制度的建设与完善方面,可以借鉴西方国家的成功经验,不断完善我国的网络文化治理制度。

2. 法律体系有待完善

国家为适应我国网络文化发展的实际需要,制定并推行了一系列法律法规。但是其中关于网络文化安全的内容比较少,在实践中的可操作性不足,法律责任不够明确,关于网络犯罪的量刑分级不清楚,立法中的不足会直接导致执法存在缺陷。立法方面存在缺陷会直接影响网络安全监管总体目标的实现,必须抓紧制定相关立法规划,完善网络内容管理、网络关键基础设施的保护等有关法律法规,实现网络空间的依法治理,切实维护公民的合法权

---

① 蔡滨荣:《构建和谐网络信息环境关于互联网内容安全管理的思考》,《中国电信业》2010 年第 3 期。

益。互联网时代在为网络文化健康发展提供前所未有的机遇的同时,也为我国网络文化治理带来了极大的挑战。很多不良甚至有害的信息在网络中传播,知识产权与个人隐私权被侵犯等的问题,给我国的网络文化发展带来了严重的不良影响,法律法规不完善成为网络文化法治化治理的阻碍。因此,要完善我国网络文化安全的一系列法律法规,促进依法治网,全面净化网络文化环境,打造清朗的网络文化空间。

3. 网络技术管理相对落后

网络文化的发展离不开与互联网相关的各类技术手段,网络技术对于网络文化管理具有决定性的作用。网络技术在保障网络文化的安全、促进网络文化发展等方面具有十分关键的作用。当前我国的网络管理技术落后于网络技术的发展水平,相关的管理技术没有得到全面开发,缺少技术创新,导致网络文化管理的有效性低。如果没有强有力的技术提供支撑,就无法妥善解决网络文化安全问题。技术落后给我国的网络文化安全乃至国家整体安全都带来了非常大的隐患。

第三节 治理网络文化安全问题的基本策略

要从根本上解决我国的网络文化安全问题,首先需要建立健全网络文化安全管理制度,全面发挥政府的管理职能,不断完善网络文化安全监管的体制,形成完善的网络文化安全法律体系,构建高素质网络文化安全管理人才队伍,提升安全技术,借鉴国外的先进管理经验,推动国际交流与合作。在实现网络文化安全发展的同时,利用网络文化巩固主流意识形态的话语权,促进社会主义核心价值观的培养,通过网络加强社会主义意识形态宣传,针对意识形态形成预警机制,巩固社会主义意识形态在文化领域的主导地位。

一、政府要在网络文化安全治理中发挥主导作用

(一)建立健全网络文化安全治理体制

由于网络文化飞速发展,使其管理更为复杂。加上网络文化多样化,舆论呈现出国际化的特征,要求政府必须放弃以往的管理观念与管理体制,按照网络文化发展的特点,正视管理中遇到的各类问题,积极探索有效的解决方法,及时更新网络文化管理的观念,从我国当前的网络文化安全发展现状出发,制定科学的、有针对性的管理体制。

1. 形成完善的网络文化安全治理的管理体制

党的十八届三中全会上所提出了"积极利用、科学发展、依法管理、确保安全"的网络治理方针,加大网络文化安全治理的力度,使政府部门的职责明确、分工清楚,对重合交叉的管理范围重新进行整合,完善相应的政府领导体制,保证网络文化安全管理能达到理想效果,为网络文化的安全发展提供保障。

2.离不开相应的完善法规的支撑

完善的法律法规,可明确政府在互联网管理领域中的范畴,能够针对各领域发生的安全问题准确而迅速地判断与处理,可以针对网络犯罪提供有效的解决方案。

3.组建专业的管理队伍

网络文化安全管理的具体实践是由管理人员来开展的,管理人员的素质直接影响着管理效率。因此,必须组建高水平、专业化的管理人才队伍。这样才能为网络文化安全的落实提供保障。

4.重视行业自律及公众监督

行业自律、公众监督具有重要的实践意义,能够补充政府在管理中的不足与漏洞,在网络文化的安全管理中发挥着重要的辅助作用,使管理更加全面,更具有主动性,减轻了政府部门的管理负担。同时,还能及时发现管理中出现的问题并加以解决。

5.注重开发网络文化安全方面的技术

提高网络文化安全性需要依赖技术手段。技术在防范网络文化风险方面发挥的作用是不可替代的。因此,政府应加大网络文化安全技术开发的力度。这样才能有效预防网络文化的安全问题,抵御消极文化及西方意识形态的不良影响。

（二）创新政府治理的方式

政府应对网络文化安全实施全面、合理的治理,必须摒弃传统的管理方式,根据网络文化的发展趋势,积极促进治理方式的创新。政府应使关于网络文化的各类规章覆盖整个互联网领域,包括基础网络资源管理、电子商务、线上教育等等。政府可根据不同领域的特征细分出对应的治理体系。

政府可对网上传播的信息建立分级的信息管理体系，按照信息内容划分等级，以便于政府实施有效治理。例如，按照信息的社会性质，可将信息分成三个类型：政务信息、公益信息以及商业信息。进一步细分的话，政务信息还可以细分成：方针政策、法律法规、推进社会进步的科学文化知识、机关内部消息、民意调查、时政热点的专题新闻报道、社会突发事件应急治理措施、政务人事任免与工作动态、相关部门政务信息公开等；公益信息可细分成：倡导社会主义精神文明、弘扬民族优秀传统文化、宣传社会主义核心价值观、政府以及社会组织发布的生活服务类公益信息、群众咨询及服务查询、社会公益性活动、内容积极向上的公益电子书及影视作品等；商业信息则可细分为：商品服务信息、国内外电子商务信息、客户服务信息、招商投资指南与招标信息、商务在线咨询、企业培训与社区服务、安全生产与防护教育、商品检验与检疫信息、消费者维权信息。通过对网络信息进行细致分类，政府在信息收集、分析、评估及监管的整个过程中会更有效率，获取信息更加迅速、高效，能够有效提高政府处理网络文化安全问题的及时性。

（三）制定完善的网络文化安全管理法规

党的十八届四中全会提出了"全面推进依法治国"的重要战略，网络文化安全是总体国家安全观中的一项重要内容，必须贯彻落实我国的方针政策，着手完善与网络文化安全有关的法律法规，从而依法对网络空间进行管理,规范各种网络行为,明确行为主体的责任。

1. 加强网络文化安全立法

党的十八届四中全会上正式提出了全面依法治国总体目标:建设中国特色社会主义法治体系,建设社会主义法治国家。这一目标为我国法治化进程的推进指明了方向,明确了具体的路径。但我国关于网络文化安全的法律体系还不健全,不少地方存在明显的缺陷,这增加了依法治理网络的难度。要想更好地保证网络文化的安全,必须完善相关法律及规定。

在制定网络文化安全管理的法律法规时,要从我国网络文化安全现状出发。当前,我国网络空间当中充斥着很多不良信息,其中,谣言、暴力信息、低俗信息、虚假消息等是主要代表,有害信息会对网民产生负面影响,甚至会引发犯罪,扰乱社会秩序。因此,要保证我国的网络文化安全,首要任务就是全面遏制各类有害信息。制定网络文化安全相关法律,要将提升立法的质量作为首要任务。只有提升立法质量,形成科学、合理、有效法律体系,才能真正保证网络文化安全,杜绝有害信息在网络中流转,精准打击各类网络犯罪活动。

2. 坚持依法治理

全面推进依法治国有着重要战略意义,它与"全面深化改革"是相互促进、互相衔接的关系,二者为"全面建设社会主义现代化国家"提供动力上的支持与制度上的保障。全面依法治国涉及社会的方方面面,是一项综合性的复杂工作,需要多个部门形成合力,协同推进。因此,提升对依法治理网络文化安全工作的重视度,对于推进全面依法治国这一总目标有着重要的作用。

（1）实现网络文化安全必须依法办网

互联网技术经过持续的发展与创新,为人们的生活带来了巨大的变化,同时也为社会上的企业及个人带来了利益。我国各类网站种类繁多,互联网技术服务商、互联网产品开发商、设备提供商、线上教育机构以及金融机构提供了支撑,大数据和云计算为社会中的各行各业都带来了利益。受客观利益的驱使,一些不良媒体或个人会通过网络技术获取网络用户的隐私信息、剽窃他人的文化创作,甚至在网络中传播网络赌博、网络暴力及色情信息,严重威胁了个人的相关权益,给社会安全带来了严重的不良影响。因此,我国必须严厉打击各种网络犯罪行为,对于网络中传播的信息要严加管理。完善信息服务,并设置科学、严谨的网站管理规定,强化网络媒体及网络企业的法治观念,实现网络的行业自律,建设和谐的互联网空间。

（2）网络文化安全治理要实现依法上网

由于互联网环境具有虚拟性,用户可以在网上随心所欲地浏览信息,进行交流与互动。这种虚拟性导致个体的自律意识降低。由于个体在网络社会是匿名的,不需要面对面交流,个人的社会身份被隐匿,部分用户利用这一特性在网络中肆意诽谤、抨击他人,随意宣泄情绪,散布一些危害社会治安甚至有损国家形象的言论。种种不良网络行为破坏了网络空间的秩序,必须通过法律手段进行控制,对于情节严重者进行相应处罚。保证网络用户依法上网,除了采用法律这一强制性手段之外,还要通过正确的价值观引导来提升网民的综合素养,强化其信息安全意识和遵纪守法意识,提升他们的道德素养,使其使用网络时能够自觉、自律。

（3）网络文化安全治理要依法管网

管理网络文化安全需要法律法规的支撑,这样才能使网络文化的安全有保证。网络治理要做到有法可依,有法必依,执法必严,违法必究。以法律作为准则进行管理,才能使网络文化安全得到有效保障,从而实现网络空间的有序化,维护我国的网络主权。此外,要把握我国互联网的发展规律,使法治管理、行业自律、公众监督有效结合,拓展网络法律的适用范围,建立合理、高效的网络文化安全治理体系。

3. 通过立法构建权责体系

网络技术的全面应用打破了时间与空间方面的限制,使人们在网络中的活动具有充分的自由。但这种自由是相对的、有限的。在互联网空间中,人们虽然不受时空限制,但要受到法律约束。无论政府、网络企业,还是用户个人,都要明确自身的权利与义务。

当前的网络治理存在多头管理、职能交叉、责权对等的缺陷,这种缺陷导致管理部门的分工不够明确,出现的网络文化问题得不到及时处理。随着问题严重化,部门之间开始互相推脱责任,导致治理低效。针对这种情况,必出推出相应法律,通过法律明确相关部门的职能,提高行政管理的效率。同时,还要明确网络企业及个人在网络当中的责任与义务。通过立法明确权责之后,才能使行为主体的网络活动实现规范化。

二、发挥其他主体在治理网络文化安全中的重要作用

（一）充分发挥行业自律和公众监督作用

"行业自律反映了社会管理水平。"[1]在网络治理理论中，多中心治理是网络治理运行的主要形式之一。因此，除了发挥政府在网络文化安全治理中的主导地位，以行业自律和公众监督为代表的其他网络文化安全治理方式也不能忽略。在网络文化安全问题上，我国的网络文化安全行业自律主要依靠于网络文化企业的行业力量。行业自律不仅可以降低网络文化企业的经营成本，推动网络文化相关信息的相互交流，同时也有利于网络文化安全法律法规的落实执行。中国互联网协会对我国的网络行业自律起到了不可忽视的作用，推动了我国网络文化企业的发展，维护了我国网络文化企业的合法权益，促进了我国网络文化产业同国际其他优秀企业的交流合作，对维护网络文化安全具有重要意义。因此，我国应进一步推动行业自律发展，对维护和支持其安全运行制定相关的法律法规，出台相应的鼓励政策，打击违反行业自律管理条例对网络文化安全造成危害的不良企业，运用社会中企业的力量来维护网络文化安全。

除了行业自律外，同样不能忽视普通网民的力量。马克思曾

---

① 隋信刚：《打击网络犯罪构建和谐社会》，《辽宁警专学报》2007 年第 2 期。

经提到"历史不过是追求着自己目的的人的活动而已","历史上的活动和思想都是'群众'的思想和活动……历史活动是群众的事业,随着历史活动的深入,必将是群众队伍的扩大。"①这体现了人民群众推动了历史的发展,是马克思主义群众观的核心。网络文化的发展作为人类社会历史进程中的一部分,在维护网络文化安全的发展中,网民的力量应当得到肯定。网络的发展使信息的传递更加快速,信息内容更加丰富,网民参与讨论更加自由。不止政府政策在网络文化的发展中变得更加透明,其他社会机构,如学校、警局、医院等机构的日常运行信息也受到了网民的关注。可以说,网络文化的发展,使公众拥有更加充分的知情权和发言权,同时网络文化所具有的虚拟性和匿名性也使公众的安全得到了一定的保障,促进他们更加积极地参与到国家政策与法律法规的制定以及社会新闻的讨论中来。网络文化传播的信息量非常庞大,这使政府对网络文化安全的监管存在一定的漏洞,无法全面地筛选健康、积极向上的网络信息,阻止不良有害信息的传播;在出现网络文化安全问题时,无法第一时间解决。这时就需要广大网民的力量。通过对广大网民进行网络文化安全意识的教育,宣传网络文化安全相关的法律法规,引起网民们对网络文化安全问题的重视,从而培养网民对网络文化安全良性发展的责任感,准确地察觉到网络文化安全问题的出现,并且通过相关政府部门网站进行举报,使得网络文化安全问题能够被及时发现、及时解决。

---

① 《马克思恩格斯选集》第2卷,人民出版社1972年版,第118—119页。

（二）加大网络文化安全技术的开发

网络文化作为一项依托于网络技术应运而生的文化，要使其保持良性健康运转，维护网络文化安全运行，就要加大网络文化安全技术开发。要独立自主地开发网络文化安全技术，丰富网络文化的服务类型，建设网络文化安全运行的基础设施，使网络文化安全同信息化相互促进、协调发展。

1. 设立网络文化安全技术评价体系

网络文化安全是一个新兴的课题，现阶段，对于网络文化安全的运行机制和评价标准还不完善。因此，我国可以借鉴西方先进网络文化安全技术评价体系，如美国的非营利性组织 RSAC 系统和全球互联网协会所发布的 PICS。在借鉴西方网络文化安全技术评价体系的同时，也应当立足于本国互联网发展现状，吸收西方技术评价体系的优秀成果，融合我国网络文化安全的实际情况，从而建立出具有民族认同感的网络文化安全技术评价体系。

2. 开发完善网络文化安全内容的检测与过滤技术

相比传统媒体单一的文化内容和传播形式，网络文化传播是融文字、图片、视频等多种形式为一体的传播形式，为我国的网络文化安全内容检测和过滤带来了困难。要从根本上遏制不良网络文化的传播，就需要建立高效、实用、完善、全面的网络文化安全检测和过滤技术。对当前传播的网络文化内容进行统计、分析和总结，得出指定范围内需要检测和过滤的网络文化内容，提高网络文化内容的检测和过滤效率，从根本上阻断网络不良有害信息的传播,维护网络文化安全运转。

3. 开发网络文化安全预警技术

网络文化安全预警技术,主要是通过对网络文化运行中可能存在的安全隐患进行监测,并且对网络文化传播过程中可能出现的问题进行预测和预防。网络文化安全预警技术对网络文化安全问题具有防范作用,可以提高网络文化安全问题的处理效率,有利于网络文化正常运转。网络文化安全预警技术主要内容包括:对网络文化热点的追踪、提取和分析;对网络有害信息提前预判;对网络文化安全发展现状的统计、分析与评估;对网络文化的热点现象进行跟踪、评估和预判;等等。

(三)提高网民网络信息素养

网民是网络文化当中的行为主体,要维护我国网络文化安全,就要提高网民信息素养,规范其网络行为。

1. 提高网民网络文化安全意识

网民的科学文化素养和知识的多寡,直接关系到其网络行为。受教育层次较高的网民掌握了较多的科学文化知识,对网络文化安全更加重视,网络道德素养较高,其网络行为也更加规范;受教育层次较低的网络用户受文化素养的制约,认识不到网络文化安全的重要性,网络道德素养偏低,其网络行为失范现象较多。当然,这个结论并不是绝对的。网民整体网络文化安全意识的增强,对提高网民网络信息素养也具有一定的促进作用。一方面,应当加快科教兴国战略的实施,普及科学文化知识。另一方面,通过广播、电视、报纸、网络等多种手段进行网络文化安全知识教育,针对严厉打击网络犯罪行为形成警诫作用,使网民形成正确的网络文化安全意识。

2. 增强网民社会责任感

"网络的虚拟性和非实名制使网民的自律性弱化。"①这使网民维护网络文化安全的社会责任感遭到了削弱。维护我国网络文化安全,进一步规范引导网民的网络行为,就要加强集体主义价值观的宣传,提高网民网络道德素养,调动网民维护网络文化安全的主动性和积极性,使网民充分认识到权利和义务的同一性,增强网民的社会责任感,才可以充分提高网民的信息素养,更好地维护我国网络文化安全。

三、维护网络文化安全把牢意识形态话语权

(一)创新发展社会主义意识形态内容

意识形态是一个国家的灵魂,它不仅包括了本国的政治制度和统治思想,还包括了本国群众的道德信念和价值观念,是这个国家区别于其他国家的根本所在。保证我国社会主义意识形态的主流地位,就是保护我国政治制度,使人民的精神信念和道德价值观不受到外来意识形态的渗透和侵害;就是维护我国主权和国际独立地位;就是保证我国政治、经济、文化、社会等方面可以持续稳定

---

① 宋元林:《网络文化与人的发展》,人民出版社 2009 年版,第 87 页。

地发展。维护我国社会主义意识形态的主流地位,不仅要依靠传统手段,也要利用新兴网络文化形式,进一步地争取意识形态话语权。

当今互联网已经成为一项重要的战略资源,网络空间是继陆地、海洋、天空、太空之后又一个新的战略空间。在网络空间内,由于时空限制被打破,信息传播方式的多样性和信息内容的海量性,都为西方意识形态渗透创造了条件。互联网已经成为主要的意识形态争夺阵地,要维护我国社会主义意识形态的主流地位,不仅要依法加强网络文化安全的监管,同时要充分发挥网络文化安全的作用,促进社会主义意识形态内容的创新,扩大社会主义意识形态的影响力,并且运用必要的手段推动社会主义意识形态在全球范围内的传播。

网络文化内容的多样化和通俗性,可以促进我国社会主义意识形态理论的大众化。开设官方网站、官方微博、微信公众号等网络传播媒体,以新颖、简洁、易懂的方式,使民众更容易地接受和理解社会主义意识形态理论;将社会主义意识形态理论同网络文字、图片、视频等结合起来,这样不仅丰富了社会主义意识形态理论的趣味性,拉近了理论与大众之间的距离,还能使人们更容易理解和接受社会主义意识形态理论。

(二)加强意识形态网络舆论引导

要加强政府对意识形态网络舆论的引导,就要坚持主动性原则。面对西方敌对势力意识形态对我国人民信仰的干扰,政府应当采取以攻为守、主动出击、积极应对的策略。充分发挥政府的主体能动性,加大相关网站的建设力度,利用相关网站传播社会主义意识形态的各种信息,努力宣传社会主义意识形态内容,树立网络文化价值观念,扩大政府的正面影响,消除负面影响。尽管我国现在已经建成一批传播政府声音和社会主义意识形态内容的政府网站、新闻舆论网站,但依然存在不足。因此,政府应当加大相关网站建设的力度,丰富网络上关于社会主义意识形态的信息内容,扩大社会主义主流意识形态的覆盖范围和影响力。

要加强政府对意识形态网络舆论的引导,就要坚持准确性原则。网络信息的海量性,要求政府必须对网上出现的信息内容、思想动态进行认真分析、区别对待。宣传党的政策主张,应当同人民群众的切实利益要求结合起来,对于真实反映民众呼声的信息,要给予高度的重视。在同网民进行交流和发布官方相关信息时,要用通俗易懂的语言进行表达,确保网民能够了解事实真相;有些网民言论当中会出现一些偏激的宣泄情绪的内容,对于这些内容应当给予关注,查清事实真相,防止谣言在网络中滋生;对于出现的谣言,要在谣言处于萌芽状态时就采取有效措施进行平息,通过利用微博、贴吧、论坛等多种方式与网民进行平等对话、沟通交流,有效地疏导公众的负面情绪,通过准确公开的报道,将相关信息透明化,从而澄清事实,彻底平息谣言;出现错误、虚假信息时,要求政府对其进行深入的调查,从而找寻事实真相,毕竟"没有调查就没有发言权",只有在确保弄清事实真相的基础上所发布的信息,才能被广大网络用户接受。

(三)完善网络文化意识形态领域预警机制

互联网时代,在网络文化这个阵地中,意识形态话语权的争夺竞争十分激烈。要保证社会主义主流意识形态的地位,就要完善网络文化意识形态领域的预警机制。

完善网络文化意识形态领域的预警机制,就是要系统地收集、分析、判断和反馈网络当中舆论情况的最新动态。网络言论的自由化,使政府可以更准确、全面、详细地接收到民意、民声。根据这些民意、民声,政府可以分析出事件的舆论导向、人民群众的看法,从而可以有针对性地提出相关政策。完善网络文化意识形态领域的预警机制,要充分发挥网民的主体性、能动性,尊重合理的详细的诉求,制定出符合人民群众利益的解决方案。同时,完善的网络文化意识形态领域预警机制,可以及时发现诽谤信息和谣言信息,正确地处理诽谤和谣言等虚假信息,维护社会主义主流意识形态的地位。

第四节 加强网络意识形态工作 有效应对网络舆情

一、深刻认识网络意识形态工作的重要性和紧迫性

"过不了互联网这一关,就过不了长期执政这一关"①。"互联

---

① 《习近平关于网络强国论述摘编》,中央文献出版社 2021 年版,第 43 页。

网是我们面临的最大变量,在互联网这个战场上,我们能否顶得住、打得赢,直接关系国家政治安全"①。互联网已成为意识形态斗争的主阵地、主战场、最前沿,谁掌握了网络,谁就抢占了意识形态斗争战场的制高点,谁就把握住了信息时代国家安全和发展的命脉。

(一)网络意识形态工作责任制有关历史沿革

2013年,党中央成立了网络安全和信息化领导小组,习近平总书记任组长,常设机构为中央网络安全和信息化领导小组办公室,对外加挂国家互联网信息办公室的牌子。党的十九大后,中央网络安全和信息化领导小组升格为中央网络安全和信息化委员会,相应的各省、自治区、直辖市也成立了网络安全和信息化委员会,书记任委员会主任,常设机构为省(区、市)委网信办。

2016年11月28日,经中共中央批准,中共中央办公厅印发了《党委(党组)网络意识形态工作责任制实施细则》。党的十九大以来,习近平总书记就进一步加强和改进网络意识形态工作作出一系列新的重要论述,极大拓展了网络意识形态工作的内涵和外延,丰富了习近平总书记关于网络强国的重要思想。党的十九大报告指出,要加强互联网内容建设,建立网络综合治理体系,营造清朗的网络空间。

---

① 《习近平关于网络强国论述摘编》,中央文献出版社2021年版,第56页。

2021 年 3 月 30 日,中央修订发布了《党委(党组)网络意识形态工作责任制实施细则》,作为开展网络意识形态工作的基本遵循,《细则》规定了各级各部门单位党委(党组)承担的 9 项网络意识形态工作责任,明确了各级网络安全和信息化委员会、委员会办公室以及委员单位的工作任务,对制度保障、考核问责等方面提出具体要求。此次新修订的《细则》,明确要求:党委(党组)书记是第一责任人,应当带头抓网络意识形态工作,带头把方向、抓导向、管阵地、强队伍,带头批驳错误观点和错误倾向,重要工作亲自部署、重要问题亲自过问、重大事件亲自处置。党委(党组)分管领导是直接责任人,协助党委(党组)书记抓好统筹协调指导工作。党委(党组)领导班子其他成员根据工作分工,按照"一岗双责"要求,抓好分管部门、单位的网络意识形态工作,对职责范围内网络意识形态工作负领导责任。

(二)网络意识形态领域风险频发多发

(1)互联网已经成为各类风险的传导器和放大器

近年来,由互联网发酵的事件层出不穷,由此带来各种风险和挑战。习近平总书记指出,当前各种社会风险向网络空间传导趋势明显,网下问题向网上聚集、交织、扩散、放大、发酵,网上舆论反过来诱导、策动、激化网下问题,特别是泛意识形态化问题凸显,让互联网日益成为各类风险的传导器和放大器,必须提高警惕、积极应对。

（2）互联网成为西方敌对势力对我渗透破坏的重要渠道

互联网已经成为意识形态斗争的主战场。从"阿帕网"①到"信息高速公路"战略②，再到近 10 年互联网社交平台和即时通信工具的异军突起，互联网给社会治理形式和治理能力的考验正不断升级，新问题、新情况不断出现的现状可能愈演愈烈。美国前国务卿奥尔布莱特就说过："有了互联网，我们就有了对付中国的办法。"因此，我们务必要高度重视网络这个没有硝烟的战场，做到全方位严防死守敌对势力的网络渗透、破坏和攻击。

二、应对处置网络舆情面临的挑战与对策

（一）网络舆情产生传播的特点

网络舆情的产生一般是先由自媒体爆料。爆料后如果及时引起有关方面注意，问题得到及时解决或无较大敏感性，那么舆情会很快平息。如果自媒体爆料得到网络媒体的跟进报道，并引起网民转发和评论，这时候得到官方及时处置和回应，就会很快平息网络舆情。如何通过网络媒体的报道没有引起重视，得到传统媒体

---

① 互联网的前身是阿帕网（Advanced Research Projects Agency Network，ARPANET），又称 ARPA 网。它是美国国防部高级研究计划局（Advanced Research Projects Agency，ARPA）信息处理处（Information Processing Techniques Office，IPTO）开发的世界上第一个计算机远距离的封包交换网络，被认为是现今互联网的前身。

② 1993 年 9 月，克林顿就任美国总统后不久，便正式推出跨世纪的"国家信息基础设施"工程计划。"国家信息基础设施"的英文全称是 National Information Infrastructure，简称 NII。人们将其通俗地称为"信息高速公路"战略，借助这条"高速路"，美国信息经济走在了世界各国的前面。

的报道,并引发网络媒体和广大网民的评论和转发,这就形成较大的社会性网络舆情事件,从而给整个社会带来一定影响和冲击。

（二）舆情应对处置要先学会"避坑"

（1）网络舆情发现力、预警力不强

凡事预则立,不预则废。要做好重大决策事项舆情风险评估工作。比如在做好疫情防控工作中,既要执行疫情防控措施,又要保证医院对特殊就医需求者的医疗服务,做好对突发重大疾病患者救治以及长期慢性重大疾病患者诊疗服务措施,从而避免引发相关社会网络舆情。

（2）提升媒体应对能力,要避免"自挖陷阱"

要提高媒体应对能力,避免回应态度"生冷硬"和挤牙膏式的信息发布,以免引发网民"阴谋论"炒作,助推舆情发酵。首先,做好当事人的线下安抚、帮扶、稳定工作是防止网上舆情炒作的先决条件。其次,针对涉及"中西医之争""特殊病患群体""医疗纠纷"等敏感案事件的处置,很容易引发舆论高度关注,需要对线下线上工作的通盘考量,要把握好舆情回应和信息发布"时度效",充分掌握舆论关注点,防止进退失据。要做到依法依规、合情合理,坚持依法依规应对处置,既要防止片面追求"短平快",盲目顺应网上舆论;也要体现"人情""温度",避免回应发声"生冷硬",严防引发次生舆情。

（3）对待网络舆论监督存在抵触情绪

习近平总书记指出:"要把权力关进制度的笼子里,一个重要手段就是发挥舆论监督包括互联网监督作用。"①这就要求我们不仅要把权力关进制度的笼子,更要把权力置于阳光下,随时接受网民舆论的监督,经得起广大人民群众的考验。

三、做好网络舆情应对处置工作

关于如何应对网络舆情,需要做好以下几个方面的工作:第一,要做到正确认识网络舆情。网络舆情是伴随着网络的发展而不断产生的。不管是正面舆情还是负面舆情,都客观上反映了广大网民对某一事件的关注,因此需要相关部门高度重视。第二,要做到正视问题。有问题并不可怕,有问题是正常的,要做到每发现一个问题、解决一个问题,在发现和解决问题的过程中不断完善党的方针政策,不断提高执政能力和水平,不断拉近党和人民群众的联系。第三,要耐心细致做好工作。要想没有负面舆情,基础和关键是把事做好,扎实做好每一件事情,确保每项工作都经得起实践和历史的检验。第四,要做到公开透明。大事瞒不住、小事不用瞒,大事躲不开、小事不用躲。我们干任何工作,都不能回避矛盾,把问题摆出来,大家一起想办法。第五,要加强沟通交流。处理好"做"与"讲"的关系很重要,各级党员干部既要做好指挥员、战斗员,还要做好宣传员、引导员,及时回应网络关切,积极主动介绍情况。

---

① 《习近平谈治国理政》第二卷,外文出版社 2017 年版,第 337 页。

要准确把握和应对网络舆情,还要正确处理好"说和做"的关系。说比不说要好,说是一种态度,表明的是直面问题的勇气,从态度上赢得主动。早说比晚说要好,越早越主动,按照"快报事实、重报态度、慎报原因、准报措施、续报进展、后报结果"的方针,妥善处置网络舆情引发的实体矛盾和问题。要善于因势利导,引导正确的舆论方向。说得好更要做得好,线下决定线上,实情决定舆情,及时主动回应仅仅是第一步,随之必须立足解决实际问题和矛盾,才能从根子上解决网络舆论危机。只说不做不行,只做不说也不行,不说不做更不行。

四、提高网络媒体素养

习近平总书记指出:"各级领导干部特别是高级领导干部要主动适应信息化要求、强化互联网思维,不断提高对互联网规律的把握能力、对网络舆论的引导能力、对信息化发展的驾驭能力、对网络安全的保障能力。"①各级领导干部要高度重视网络舆情,重点提升舆情应对能力,坚持重在早、贵在快,强在速度、赢在效率。

(一)强化自身能力建设,不断提高网络舆情应对处置能力

(1)"功夫在诗外。"重点加强网下预警,发现实体矛盾问题及

---

① 《习近平谈治国理政》第三卷,外文出版社 2020 年版,第 308 页。

时解决,尽量避免其在网上萌发并落地生根。实体部门有责任和义务及时向宣传部门通报潜在舆情。

（2）"看得见才能跟得上。"加强网络舆情监控,提高舆情发现力,及时发现、及时研判、及时上报。每个部门都有监督和发现网络舆情的义务。

（3）"不要做无知的鸵鸟。"要不断提高网络舆情有效回应能力,尤其是作为涉事责任部门的回应主体,应做到主动回应、及时回应、全面回应、准确回应。

（二）强化自身形象建设,不断规范网络行为和职务行为

一是要规范线下的职务行为。特别是相关执法部门,在执法过程中一定要依法规范执法。自媒体时代,如果出现任性执法或执法过程出现瑕疵,很容易被自媒体上传网络,从而引起网络舆论事件。

二是要规范线上的网络行为。网络不是法外之地,网络行为也应该受到有关法律法规的规范和约束,不能发布虚假信息来迷惑和欺骗广大网民,要建立有效的监督举报机制。

三是网上发布的信息要严谨规范。首先要做好宣传教育工作,提高广大网民的网络法律意识。其次要做好网络监督执法,及时处置虚假有害信息并惩治信息发布者。

四是提升媒体素养。要加强对网络媒体以及媒体提供平台的监督和教育培训工作,提升网络媒体从业人员的整体素养。

（三）加强政务新媒体账号的管理使用

近年来各党政机关和企事业单位陆续建立了自己的新媒体账号，更便于发布信息，方便人民群众及时了解。由于网络媒体信息发布即时性的特点，信息一旦发布，即使发现信息有错误，及时撤回了，也会在不同范围内造成不良影响，这就要求新媒体账号和内容管理人员务必认真谨慎，严格媒体信息校对和发布程序。一是严格内容审核把关。网络媒体部门要责任到人，按照国家新闻出版部门要求严格落实"三审三校"制度，做好内容把关和文字校对工作。

（四）有关部门尽职尽责做好网络舆情工作

（1）要守土有责、守土负责、守土尽责

宣传思想部门承担着十分重要的职责。一是对宣传思想领域重大问题的"分析研判能力"、对重大战略性任务"统筹指导能力"。二是要有敢于"亮剑"的勇气。在大是大非的原则问题上，领导干部既不能含糊其词，也不能退避三舍；既不能"爱惜羽毛"，也不能当"开明绅士"。

（2）要牢牢占领新闻舆论前沿阵地

新闻舆论对于弘扬主旋律和正能量有着强大的引导力，是做好宣传工作的前沿阵地，同时有着很高的要求。习近平总书记指出，理论文章不要瞎写，不要硬说。一要解决本领恐慌，我们现在不缺主义、不缺核心价值、不缺崇高的主题，而是缺乏表现这些主题价值的生动的手段,为老百姓喜闻乐见,这是一个考验我们宣传思想工作者真本领的地方。《人民日报》前总编辑范敬宜认为,只知道旗帜鲜明,不知道委婉曲折;只知道理直气壮,不懂得刚柔相济;只知道大开大合,不知道以小胜大;只知道浓墨重彩写英雄,不知道轻描淡写也可以写英雄;只知道浓眉大眼是美,不懂得眉清目秀也是一种美;只知道响鼓重锤,不懂得点到为止;只知道大雨倾盆,不知道润物无声。

第八章　网络犯罪的综合治理

第一节　网络犯罪概述

一、网络犯罪的具体概念

（一）国外对于网络犯罪的定义

国外学者基于不同的时代背景和研究角度，对网络犯罪给出了不同的定义。

美国司法部对网络犯罪下的定义是："在导致成功起诉的非法行为中计算机技术和知识起了基本作用的非法行为。"这一定义混淆了"违法"和"犯罪"之间的界限，还将网络犯罪定性为纯技术性犯罪。美国斯坦福安全研究所研究的计算机高级专家唐·B.帕克认为，网络犯罪的概念分为三层：①滥用计算机，包括所有与计算机相关的故意性的活动,能够使活动主体因此获益,导致受害人遭受直接或间接损失;②与计算机相关的犯罪,计算机知识和相关技术手段在非法行为中发挥了基本作用;③计算机网络犯罪,非法滥用计算机,实施犯罪的过程中与计算机有直接关系。①

在 1987 年之前,日本警察厅将"网络犯罪"定义为:"妨碍计算机系统功能或者不恰当使用计算机的犯罪行为。"之后修订刑法时,重新诠释了网络犯罪的概念:"对非法连接计算机网络系统通信等附带设备的犯罪,以及所有消除或改换现金卡、信用卡的磁条的犯罪均为计算机网络犯罪"②。日本的刑法修订采取了举例子的方式进行概念诠释,使网络犯罪的概括性不足。

澳大利亚称计算机网络犯罪为"计算机滥用",并列举了滥用计算机的具体行为,包括:在未经批准的情况下修改、上传或下载信息;未经批准利用终端访问互联网系统;未经批准使用或修改应用程序;关于电子数据处理设备的犯罪;窃取互联网设备、数据及文件;破坏网络设备;未经批准接收网络数据。

德国的犯罪学家汉斯·约阿希姆·施奈德在《犯罪学》一书中提出,计算机网络犯罪就是利用电子数据处理设备作为作案工具的犯罪行为,或是把数据处理设备作为对象的犯罪行为,它的表现形式是:篡改输入数据或改变数据和数据程序;计算机间谍;破坏计算机;偷用计算机。

法国学者达尼埃尔和弗雷德里克在《网络犯罪——威胁、风

---

① 许秀中:《网络与网络犯罪》,中信出版社 2003 年版,第 162 页。
② 许秀中:《网络与网络犯罪》,中信出版社 2003 年版,第 161 页。

险与反击》一书中提出,网络犯罪实际上涵盖两类刑事犯罪:其一是以信息技术为对象的犯罪,此类犯罪为纯正的信息犯罪;其二是以信息技术为主要手段的犯罪。另一位法国学者安德鲁·博萨博士对网络犯罪进行了概括,将其分成了三个方面:①与计算机相关的犯罪,通常与盗窃、欺诈、非法使用等存在直接联系;②关于计算机技术的财产犯罪,如窃取用户密码、利用电脑进行网络欺诈;③针对计算机本身的一种犯罪活动,如黑客、计算机间谍、未经许可的情况下进入程序。计算机犯罪通常分成四大类:①在未经允许可的情况下使用与计算机相关设备;②在计算机系统传输欺诈性的信息;③修改、破坏数据或文件;④使用网络技术或其他手段盗取资产、金融设备、公共设施等。①

2001年1月,欧洲理事会通过了全球首个《网络犯罪公约》,《公约》的序言中指出,网络犯罪指的是:"危害计算机网络、系统和数据的完整性、保密性与可用性,以及对这些系统和数据滥用的行为",主要指通过国际互联网实施的侵犯著作权、网络诈骗、儿童色情以及侵犯网络信息安全的各类犯罪行为。② 该定义相对全面、准确,概述了网络犯罪具有的关键特征。

从总体来看,西方国家与国际组织对于"网络犯罪"这一概念的研究受当时经济发展水平及网络技术发展程度的限制,受到各国网络犯罪数量、种类、扩展程度的限制,具有明显的阶段性特征。

---

① 安德鲁·博萨:《跨国犯罪与刑法》,陈正云等译,中国检察出版社1997年版,第45页。

② 皮勇:《网络犯罪比较研究》,中国人民公安大学出版社2005年版,第8—10页。

所以很多国家对于网络犯罪进行定义的时候,采用的是举例子的方式,概括性不足。

(二)国内对于网络犯罪的界定

我国的台湾省对网络犯罪的界定经过了"电脑滥用—电脑犯罪—网络犯罪"的演进过程。洪光煊教授对网络犯罪所下的定义是:"凡使用计算机作为犯罪的工具,造成资产、金钱、信息资料及设备等遭受损失的犯罪行为。"林山天教授认为:网络犯罪是指人们滥用计算机或破坏计算机系统犯罪,并具有网络的犯罪行为。蔡美智教授认为,所谓的网络犯罪指的是利用网络具有的一些特性,以网络为犯罪场所或犯罪客体的种种犯罪行为。

我国的大陆地区对于网络犯罪概念进行的研究概括起来可分为五类。

1. 相关说

皮勇认为:"网络犯罪是对现阶段计算机、网络技术等与信息技术相关犯罪的一种称谓,对网络犯罪进行定义,应当反映此类犯罪的主要特征。"[1]

2. 工具说

张楚认为:"网络犯罪系指行为人通过计算机、通信网络等,或者利用其在网络中的特殊位置,在网络中对用户、系统或设备实施侵害或威胁相关利益的各种行为。"[2]该学说认为,计算机与网

---

[1]　皮勇:《网络犯罪比较研究》,中国人民公安大学出版社 2005 年版,第 11 页。
[2]　张楚:《网络法学》,高等教育出版社 2003 年版,第 234 页。

络是达成网络犯罪行为、完成犯罪目的的一种工具。犯罪嫌疑人只要利用了网络作为犯罪的工具或者方法,就可以认为是网络犯罪。如犯罪嫌疑人利用网络实施诈骗,并通过网上银行收取赃款,就可以认定为网络犯罪。

3. 对象说

这一学说认为:"计算机网络犯罪指那些利用电脑系统,采用非法的操作破坏计算机系统当中数据的安全性与完整性,导致系统不能正常运行并造成不良后果的各种行为。"[①]有学者认为,网络犯罪以计算机系统内的数据为对象,这些数据包括:文本资料、图形表格、运算数据等计算机内所有的信息。也有一部分学者认为,网络犯罪主要是将计算机及网络作为侵害的对象,网络犯罪主要是入侵破坏计算机网络系统,犯罪的行为以及产生的结果都发生在网络中,而利用网络进行的敲诈勒索、诈骗活动等不属于网络犯罪。对象说的定义是针对狭义网络犯罪而言的,排除了以网络为工具进行犯罪活动的情况。

4. 工具对象说

刘广三教授通过《计算机犯罪论》一书提出:"计算机犯罪是行为主体利用计算机或以计算机设备为攻击对象而实施的一种严重破坏社会秩序的行为。"我国最高司法机关对计算机犯罪的司法解释,将网络犯罪概括为行为人通过非法手段进入或破坏计算机信息系统,以及利用互联网实施犯罪活动的行为,这符合"工具

---

① 孙铁成:《计算机与法律》,法律出版社 1998 年版,第 50—51 页。

对象说"的特征。

5. 工具对象场所说

朱穗生认为:"网络犯罪指的是借助计算机和网络技术等与信息技术相关的手段实施违法犯罪活动,既包括将网络作为对象的攻击、入侵、破坏计算机网络的违法行为,又包括将网络当作工具和场所来实施违法犯罪活动等的行为。"[1]这种观点实际上是对工具对象说的深化和发展,概括是相对全面、合理、科学的。概念界定中的"场所"是指网络虚拟空间,工具对象场所说将保护用户在虚拟空间的权益作为研究对象,拓展了传统网络犯罪学说的范围。比如,网络用户所拥有的私有虚拟空间,对这一空间的使用、维护、管理可以作为一种权利来对待,与《物权法》中对空间利用权的规定。如果行为主体通过非法手段对这个虚拟空间进行控制、破坏、干扰、限制权利人对网络空间的正常使用,在法律上视为侵权,行为人必须承担相应的侵权责任。通过现实的法律来限制和打击侵犯用户网络空间合法权益的活动,深化了大众对于网络犯罪活动的认识。

通过以上论述可以看出,随着对于网络犯罪的认识不断深化,这一概念经历了从局部至整体、从表象至本质的细化过程。

综合上述内容,可将网络犯罪的具体概念描述为:网络犯罪指的是行为人利用网络、计算机等信息技术类的手段实施犯罪行为,以联网的计算机、网络作为主要工具或攻击对象,或将互

---

[1]　朱穗生:《加强虎拟社会管理,打击网络违法犯罪》,《公安研究》2008 年第 1 期。

联网络作为犯罪场所实施的对社会造成严重危害并应受到法律惩处的行为。这一概念明确了网络犯罪的核心特点是利用信息网络技术。随着信息技术不断发展,联网计算机覆盖的范围逐渐扩大,各种网络终端越来越多,如手机、数字电视等,部分行为主体利用这些装置实施网络犯罪,这意味着网络犯罪外延在不断扩大。

二、网络犯罪的分类和特征

(一)网络犯罪的具体类型

按照不同的分类标准,可将网络犯罪分成不同类型。从犯罪活动的表现及其产生的后果来看,所有的网络犯罪大体上可归为下列四种类型。

1. 危害国家安全及社会稳定

最近几年,利用网络大肆传播反动信息危害社会及国家整体安全、发布煽动性言论妄图搞分裂、通过网络组成团伙破坏社会治安等的案件时有发生。境外的敌对分子和敌对势力蛊惑一些心智不成熟的青少年,通过网络散布不实信息,对党和国家进行恶意攻击,抹黑党和政府的形象。一些反动言论利用网络进行传播,对社会的负面影响会成倍增加。

2. 妨害正常的社会管理

通过网络技术制作并传播淫秽色情音像制品、组织网上卖淫、网上赌博等也是常见的网络犯罪活动。有些不法分子通过网络渠道进行非法交易,或通过网络组织赌博、卖淫活动、提供色情网站的链接,或者建立色情网站等,作案的手段非常多样。这严重扰乱了社会治安,破坏了社会管理的秩序。

3. 侵犯财产权与人身权

由于智能手机的普及,加上大数据导致信息泄露,利用网络侵害公司财务的犯罪活动呈上升趋势。这类的案件从计算机领域扩展到移动通信领域,包括电信诈骗、网络诈骗、网上传销等各类犯罪活动。犯罪手段主要有三类:①利用网络手段实施财产侵占犯罪。②利用网络进行网络诈骗、非法传销,犯罪嫌疑人通过网络这一载体,以暴利诱惑大众,通过发展下线交纳费用提成或按照发展的人头数量给付报酬,达到非法牟利的目的,扰乱了经济秩序,对社会稳定造成负面影响。③利用网络恶意诽谤、传播他人隐私信息,导致侵权范围和影响进一步扩大。

4. 危害网络空间的安全

近几年,破坏计算机信息系统、危害网络安全的犯罪案件数量大幅增加。计算机病毒给网络和系统带来的破坏越来越严重,给网络空间带来了严重威胁。2006 年,"熊猫烧香"计算机病毒在我国大范围爆发,也给很多单位及个人带来了无法估量的损失,导致国家机关、相关单位以及个人的网络系统遭到了严重破坏。同时,黑客非法入侵也频繁发生,且被视为"21 世纪人类社会所面临的仅次于生化武器、核武器的第三大威胁"。

（二）网络犯罪的主要特征

相较于传统形式的犯罪，网络犯罪具有一些独有的特征。网络犯罪的这些特征正是网络安全监管、网络犯罪治理实践中的薄弱环节。只有强化这些方面的工作，才能适应网络犯罪的形势，实现有效打击。

1. 隐蔽性强

在网络社会，行为人通过终端设备实现操作，可影响网络覆盖泛范围内的任何一个地点或多个地点。网络犯罪的实施者具有隐蔽性，而网络犯罪的侵害目标同样具有隐蔽性。网络的隐蔽性决定了网络犯罪的后果不易被及时察觉，其结果不具有直接外化特征，因而不易被感知。另外，网络犯罪在时间上也有很强的隐蔽性。网络犯罪借助网络传播高速、快捷的优势，可能在短短几秒钟内就完成了犯罪过程，还可以借助网络定时、定向作案。总体上，网络犯罪的隐蔽程度在各个层面上都要比传统的犯罪更强。

2. 犯罪黑数高

"犯罪黑数"①理论是由比利时的古典犯罪统计学家凯特莱提出的。犯罪黑数指的是犯罪统计中实际的案发数量和实际的立案数量之差。在故意杀人、抢劫、伤害等的暴力犯罪案件中，犯罪黑数并不高，而在网络卖淫、网络赌博等犯罪中犯罪黑数较高。理论界通过研究得出结论，计算机犯罪发现数同未发现数之

---

① 所谓犯罪黑数，又称犯罪暗数、刑事隐案，一些隐案或潜伏犯罪虽然已经发生，却因各种原因没有被计算在官方正式的犯罪统计之中，它是指对这部分的犯罪估计值。

比为 1∶10;而美国的 Jay Becker 的研究结论是,网络犯罪的发现率为 1%,犯罪黑数是非常高的。

3. 犯罪主体具有开放性

互联网平台是高度开放的,网络参与主体也具有开放性特征,每一个用户都是网络主体。1999 年,美国托马斯·弗里德曼(Thomas L. Friedman)通过《理解全球化:"凌志汽车"和"橄榄树"》一书提出了他的"全球化 3.0"理论:"用一台小小的手提电脑,就可以掌控整个世界。"按照这一理论,世界上的每个人都是现实或潜在网络用户,都可能在"掌控整个世界"的活动过程中发展成网络犯罪的活动主体。网络犯罪主体具有不确定性、开放性,随着主体参与网络犯罪活动,数量会动态增减,犯罪人群并不是固定不变的。但网络是现代科技的产物,行为人实施网络犯罪与其信息技术应用水平有直接关系。网络犯罪主体通常掌握了高超的网络技术,智力水平较高。网络犯罪智能化的程度比传统犯罪要高很多。

4. 侵害的对象更广泛

网络犯罪中的侵害对象是非常广泛的,这增加了治理和防范网络犯罪的不确定性。随着各类网络技术不断发展,当前的网络犯罪针对的对象已经不仅仅限于网络数据、应用程序和网络系统,同网络不存在直接联系的各类客体也可能成为被侵害的对象。犯罪主体可能利用网上银行窃取个人信用卡当中的资金;通过在网络中造谣、发布煽动性的言论来扰乱社会秩序,对社会管理产生负面影响;通过散布个人信息,侵害个人隐私;等等。

5. 犯罪形态多样

传统的犯罪表现出来的外化形态大都是直观的,可通过感性认识感知的,其犯罪过程是动态的,犯罪后果比较直观。而网络犯罪具有"隐性"特征,行为主体除了在动机和意志上与传统犯罪相似,犯罪过程更多是与无形的科技、信息等相关的内容。犯罪形态的外化表现常常是多样的、不具有正面对抗性的。以网络盗窃银行卡中的储蓄为例,受害者如果不设置银行的短信提醒、不及时查询卡中的余额,就很难在第一时间发现储蓄被盗。

6. 危害程度具有不可预计性

网络犯罪可能会对网络服务器、联网的电脑及非特定的个人造成侵害,还会损害其他不存在直接关联的客体的利益,产生的连锁反应甚至会造成无法估量的经济损失,引发灾难性的网络安全事件。而那些影响国家安全、扰乱社会治安的网络犯罪往往会带来更严重的后果。随着当前社会中各行各业对于互联网的依赖性逐渐增强,各种犯罪活动纷纷将网络当作大本营,导致受害人的范围更大,危害程度难以预估。

7. 犯罪数量高速增长

行为人的网络犯罪活动往往是在瞬间完成的,作案时间短,加上犯罪后果隐蔽,在客观上降低了行为人的犯罪风险,由于网络操作比较便捷、高效,作案的成功率较高,这导致犯罪成本较低,且扩大了犯罪活动的影响范围。

三、网络犯罪在不同阶段的特征

互联网普及既给大众带来了极大的便利,同时也为不法分子利用网络犯罪提供了机会。资料显示,随着网络的应用,网络犯罪活动最早出现于 20 世纪 60 年代末期,到了 70 年代以后,网络犯罪率明显上升,自 80 年代开始,网络犯罪的威胁扩大化。现阶段,网络在社会各领域的影响日渐深化,这一阶段的网络犯罪和初级阶段的网络犯罪有明显的不同。此时的网络犯罪不再针对单独的计算机,而是将网络空间作为工具或攻击对象。计算机技术的发展为网络犯罪提供了基础,由于技术的不断升级,网络犯罪也逐渐发展至高级阶段。近年来,手机及其他智能终端的广泛使用,使网络犯罪范围进一步扩大。

(一)局域网时代的网络犯罪

局域网时代,网络犯罪主要对网络技术性安全产生威胁。在这一阶段的网络应用中,软件居于核心地位,网络相对封闭,与外界是隔离开的,具有明确的安全与风险边界,风险扩散及影响的范围较小,网络犯罪带来的危害具有可控性。

(二)传统互联网时代的网络犯罪

这一阶段,网络犯罪的主要攻击对象从网络技术转向了网络信息内容。此时的网络犯罪主要攻击个体网络用户,用户的网络金融资产、身份信息及个人的文件信息等都遭了网络犯罪的侵害。

1994 年,俄罗斯的威迪莫·里温通过网络进入了花旗银行的计算机系统,并划走 1000 万美元,他在 1997 年被引渡至美国,被指控犯有骗取联邦线路、银行和电脑欺诈罪。2008 年,美国联邦调查局和白宫特工处宣称,在奥巴马竞选总统时,奥巴马与对手麦凯恩的工作网络都遭到了某一外国政府的攻击,导致很多保密信息被窃取。2010 年,Stuxnet 蠕虫攻击了德国西门子工控软件的控制计算机。Stuxnet 蠕虫病毒本身比较复杂,其在国际互联网中的迅速传播能力非常惊人。这次蠕虫病毒攻击事件是首次引起全球关注的将工业控制计算机作为攻击目标的计算机网络犯罪活动。

(三)智能化时代的网络犯罪

目前,智能手机已经成为人们生活与工作中必不可少的一种通信工具,IOS 系统、安卓系统成了网络犯罪分子眼中的"利益蛋糕"。犯罪分子的矛头由个人计算机领域转向了智能手机,各种移动端网络犯罪率明显上升。调查显示,仅 2011 年的第一季度,对安卓系统进行恶意攻击的软件数量就达到了 2007 年全年的总量。手机等移动平台已成了网络犯罪的温床。

1999 年,摩托罗拉公司推出了一款支持无线上网的手机。自此,各大生产厂商便开始了智能手机领域性能参数方面的竞争。智能手机迅速普及,仅 2004 年第一季度,全球智能手机销售量比上年同期激增 85.8%。2014 年以后,智能手机基本上代替了微型计算机。早期互联网用户主要通过微型计算机连入网络。目前,网络用户联网的首选设备是移动设备,包括智能手机、平板电脑等。移动设备的操作系统具有独立性,可随时随地通过连接无线网完成网络信息传送与接收,犯罪分子从移动设备的特点出发,找到了新的犯罪途径。移动设备的安全监控与管理要比传统计算机系统弱很多,如果犯罪分子通过恶意软件入侵智能手机,用户是很难防范的。随着智能手机中各种应用功能的增加与拓展,相关的网络犯罪也逐年增加。网络犯罪分子通过应用软件潜藏在广大用户的终端当中,第三方软件中的技术漏洞和管理漏洞为智能手机用户带来了极大的网络安全威胁,用户及软件提供方无法确定网络攻击发起者藏在什么地方。

(四)不同阶段网络犯罪的治理模式分析

互联网处于不同的发展阶段,网络犯罪具有不同的特征。与此对应,治理网络犯罪的模式必然也要随之变化。

1. 局域网阶段

局域网络相对封闭,且与外界是隔离开的,网络安全风险有着明确的边界,网络治理是比较简单的。由于病毒在局域网中扩散速度慢,危害也小一些,这一阶段网络犯罪是比较容易控制的。互联网的相关管理工作难度不大,各国政府在这一时期的网络管理中都具有绝对控制权,是由政府单方面对网络进行治理的。

2. 传统互联网阶段

进入传统互联网时代,网络犯罪危害的重点发生了转变,从技术逐渐转移为内容。网络犯罪开始针对用户的虚拟财产、个人信息等开展非法侵害活动。犯罪领域进一步扩大,导致政府的监管力量不足。这一时期,广大用户从关注政府对于网络犯罪的"事后治理"转向关注"事前防范",并形成了以政府部门的强制性治理为主、社会监督与行业自律为辅的治理方式,这时的治理可总结为政府主导型的模式。

3.智能互联网阶段

智能手机全面普及后,移动终端的联网数量比个人微型计算机的联网数量更多,且逐渐占据绝对优势,网络犯罪者开始将智能手机作为犯罪的主要渠道,移动终端的网络犯罪率上升。这一阶段的网民规模巨大,网络使用极为广泛,网络犯罪也迅速增多,政府主导的网络治理模式难以面面俱到,出现了监管不到位的情况。因此,政府开始采用各种方式实现治理权下放,网络运营商具有了网络治理权力。这意味着网络运营商要承担一部分网络犯罪的治理责任。这一阶段治理网络犯罪采用的是政府引导下的网络自治型的治理模式。

总体上,选择网络犯罪治理模式不能仅仅从政治角度或政策角度来考量,这也不是简单的经济问题或技术问题,但与技术、经济等却有着密不可分的关系,只要其中的一个因素发生变化,就会引发一系列的变化,必然也会影响治理模式的适用性。要想保证网络犯罪的治理模式能适应不断发展的网络环境,就要结合社会中的经济、文化、政治等因素进行深入研究,这样才能保证治理策略符合时代特征,进而才能有效运行,实现科学管理。

第二节　网络犯罪治理现状及面临的困境

一、网络犯罪治理的现状

（一）关于侦查打击

1. 公安机关的办案能力有待加强

虽然我国公安机关针对各环节的工作制定了相应规范,并针对具体的工作提出了明确的要求,也开展了各种业务培训,但是网络犯罪的演变是极为迅速的,基层民警对于网络犯罪的特点、种类以及作案手段等不熟悉,专业能力存在一定的欠缺。在案件受理、笔录登记、发现与案情相关的信息、提取证据等环节存在明显的不足,紧急劝阻意识较薄弱,不能及时报送和处理涉案的账号及号码。此外,还普遍存在不按照规定的具体要求将涉案信息录入信息系统当中的问题。一些作案手段相对复杂的案件未能及时受理,或对案件的定性不够准确,查找证据的方向不明确。

2. 初步侦查工作需要改进

基层公安机关的网络犯罪侦查工作体系的建设比较缓慢,人力资源和物力资源的投入存在欠缺,能够依据要求履行职责的只占很少一部分。尤其是专业工作人员队伍的组建方面,相关人员的配备无法满足实际的工作需要,网络犯罪案件占案件总量的一半以上,但负责此类工作的民警只占警力总量的10%。专职警力的配备严重不足,且民警的专业能力有待进一步提升,其对于初步侦查工作的落实不到位,很难有效地承担网络犯罪的打击与防范等任务。

3. 完善情报侦查工作,健全联合作战的工作机制

关于网络犯罪的侦查工作,通常是省级的公安机关牵头,由地市级机关来承担主体性的责任,县级机关来具体落实。县级的公安机关需要按规定完成案件规范受理、初步侦查以及深入侦办等主要任务,还要在侦办案件的过程中充分发挥案件的核实与取证、嫌疑人的确定与抓捕以及审讯深挖案情等职能。基层机关要保证以上职能得到有效发挥,就需要专业的情报研判为其提供工作上的支持,需要多部门、多警种密切合作,形成联合作战的工作机制。但是我国目前尚未形成以情报导侦为牵引、以多部门联合为常态、以先进科技为支撑整体打击、区域联动的犯罪侦查新格局,网络犯罪的侦查体系与刑侦情报的研判体系还没有实现深度融合,跨区域打击网络犯罪的联合办案能力需要进一步提升。

4. 促进区域协同,提升打击犯罪的成效

网络犯罪的涉案人员可能会选择异地作案,一般会跨省甚至跨国实施犯罪行为,这使案件侦办的难度增加,办案的成本更高,周期更长,一些系列案件与本地有直接关系的案件较少,导致办案过程中的投入较多、产出却很少。基于这种情况,部分基层的公安机关面对报案持消极心态,存在躲避的心理,且缺乏区域协同合作的意识,整体性、全局性观念较差,在案件侦办中不能做到主动出

击。部分地区因办理各类案件的任务较重,仅仅将完成具体的案件数量作为工作目标,选择一些容易办理的案件进行处理,而忽视那些办理难度较大的案件,通常会集中处理那些涉案人数众多、链条化运作的网络犯罪案件,总体上的案件侦破率较低;部分地区的公安部门和检法机关沟通不畅,在案件的审查起诉与审判阶段,关于证据的采纳、法律的理解与适用等方面存在争议,这在一定程度上降低了案件的办理效果,也降低了公安机关对此类犯罪的打击力度,影响了公安部门打击此类犯罪案件的自信心,不利于相关工作的深入开展。

(二)网络犯罪的防范

1. 提升社会参与度

网络犯罪治理与防范并非公安机关独有的职责,而是要依靠全社会的力量,通过各个部门、单位和组织共同参与,实现群策群力,才能有效遏制案件高发的势头,从根源上进行治理。当前,我国除公安部门之外的其他单位和部门应该积极承担起治理、防范网络犯罪的相关责任,提高整体的社会参与度,防范工作的宣传,有些部门甚至认为进行防范宣传并不能发挥实际的作用,导致防范工作存在种种不足,犯罪高发的势头一直得不到有效控制。从目前的情况来看,我国还没针对网络犯罪形成社会广泛参与的立体式、全方位的多方联合治理模式。

2. 强化智慧防控

现阶段,公安机关采用传统方式与科技相结合的模式进行常规网络犯罪的防范,在新型的案件爆发之后才能获得相应的犯罪线索,进而根据犯罪行为来分析和研究同类案件,再以点面结合的方式进行数据推送,以实现针对性的防范。当前,公安机关要借助科技的支撑,实现网络犯罪智能感知,通过建模预警实现智能防控,为实现这一图景,还要进一步提升网络犯罪防控的智能化水平。

3. 落实技术反制

虽然各地的防控部门制定并实行了很多技术反制措施,并开展了各种形式的防范宣传,获得了一定的成效,但是总体上的效果并不理想。网络用户主体在主动防控方面的意识相对薄弱,且极少进行积极防控,技术反制的有关措施并不到位。大多数城市在建设技术反制的相关系统时进程相对缓慢,电信行业中拦截恶意网址的系统尚未全面覆盖,我国主要的电信运营企业尚不能实现恶意信息的全面拦截。移动公司内部系统中容纳恶意网址的库容并不大,电信公司只针对宽带用户进行恶意网址的拦截。

4. 提升被害预防的精准度

据360猎网平台2020年3月发布的疫情防控期间(1月24日至3月13日)的网络诈骗研究资料显示,该平台共收到3243例诈骗举报,举报总量与2019年同期相比增长47%,被骗总金额高达5997万元,被侵害者的人均损失为18492元。这反映出网络犯罪呈高发趋势,也从侧面反映出网络犯罪预防任务是具有艰巨性的。公安机关在进行网络犯罪的防范宣传时,往往采用标语宣传,或通过新媒体制作视频进行宣传。这种宣传比较笼统,没有制定有针对性、有层次、精准的宣传,因而无法抑制此类案件的发生。公安部门需要针对网络犯罪采用的手段及其呈现出的行为特点进行分析和研究,引导用户进行事前预防和事中预防,这样才能使被害预防发挥实质性的作用。针对网络诈骗案来说,大多数的网络诈骗中,犯罪分子均会与被害人进行互动,公安部门可以以此为着手点,从源头上进行防范,提升广大网络用户识别网络诈骗的能力,提升防骗意识,这样才能有效防止此类犯罪活动进一步恶化。

（三）机制运行方面

1.畅通通报机制

根据中央提出的要求,省联席办依据国务院联席办的做法,每月定期通报各地打击、治理网络违法犯罪的具体情况,将黑色产业和灰色产业的整顿与治理作为重点,将具体的整治报告分送省级分管领导、同级成员单位以及市级各主要领导,针对重点区域及重点行业分别给予黄牌和红牌警告,或责令进行整改。在实际工作中,基层的单位中虽然建立了相应的通报机制,但大都流于形式,各个层级的通报不顺畅、不及时。

2.推行帮扶指导机制

在网络犯罪的共同治理中,成员单位必须按照点、面结合的原则,协调推进全域网络犯罪治理工作,对于重点地域要加强指导与帮扶,通过政策、法律等提供全方位的支持,保证网络治理的高效性。避免出现各成员单位"自扫门前雪"的情况,全面落实互帮互助的帮扶机制。

3. 实行部门协同机制

在网络犯罪的综合治理中,公安机关、银行、市场监管部门、税务机关以及通信运营商等多方要实行联席办公制度,由联席办公会秘书处牵头,实现黑名单、新增用户等信息的共享,对信息进行对比与核查,加强联合惩戒,将买卖银行账户以及银行卡信息的人员名单进行汇总,发送给银行部门,将这些人列入黑名单,并按照相应的规定做出惩戒。在实践中,要打破"信息孤岛"现象,各部门积极实现信息共享,保证协同机制有效运转。

4. 落实督导检查机制

网络治理联席办公会秘书处应对以往召开的所有联席会议进行系统梳理,明确具体事项落实的情况,对于工作目标、负责部门、负责人员、工作时间限度等作出细致要求,对于实际完成情况进行督查,并在系统内部进行情况通报。对于督查中发现的各种问题,应监督责任单位及时进行整改。避免督导检查浮于表面、流于形式。

(四)法律保障

在办理网络犯罪的相关案件时,侦查机关在犯罪实体、程序、取证以及止损等环节仍然存在很多困惑,缺少相应的法律支持。

1. 犯罪实体

网络不断发展,网络犯罪行朝着非中心化趋势发展,因此,确认共犯成为公安部门面临的一大主要问题。对于利用网络教唆非特定人群实施犯罪的行为应该怎样认定?当前大多数网络犯罪的团伙案件是以公司的形式出现的。对于寄生在公司外壳之下的团伙共同犯罪行为,应该怎样对刑事打击层次进行划分? 在一些技术中立的网络犯罪中,怎样推断提供中立性技术帮助一方的行为是否存在主观的故意? 在相关的法律解释当中,应该怎样厘定网络犯罪的内部与外部? 在办理个案时,怎样通过不同案件的表体将刑事政策和教义刑法学联系起来,让法律解释符合大众的一般认知规律与合理期待? 相关部门在实践中遇到以上各类问题,需要职能部门通过政策和法律规定进行指导与解释。

2. 办案程序

一直以来,管辖问题始终是网络犯罪案件办理过程中的争议热点,也是一个难点问题。网络犯罪危害性较大,影响范围较广,这与传统的地域管辖、分级管辖之间存在冲突。新型的网络犯罪基本都是跨地区甚至跨境的,不同地区、不同国家对于网络犯罪的管辖还没有形成统一的认识。还有一些案件,法律明确指出本地具有管辖权,但地方的检法机关却要求让公安机关或者公安部来管辖,还要求省级的公安机关与省级检察院以及人民法院进行协调管辖,完成案件起诉与审判。

3. 取证

在网络犯罪案件的侦办过程中,最核心的问题是电子证据的取证与固证。电子证据在打击网络犯罪当中发挥着关键作用,但我国现有的法律中没有对电子证据进行详细规定。电子证据的合法性、客观性与关联性决定着案件办理能否成功,也是案件审理中律师争议和辩护的重点。

（五）舆论宣传

虽然相关部门对网络犯罪防范进行了一些宣传工作,各地方也进行了相关宣传,但当前的宣传仍旧存在以下几方面的问题:①宣传方式相对单一。传统防范网络犯罪的宣传模式无法引起潜在受害者的重视,当前应通过新媒体进行多层次、多样化的犯罪防范宣传。②宣传重点有待明确。进行宣传的单位通常会将当前已知的网络犯罪种类进行罗列,冗长的犯罪名目导致受众没有耐心仔细阅读,抓不住宣传中的重点内容。③宣传力度有待加大。社区的网格员通常是在本社区的公示栏张贴纸质宣传材料,人流量较大的路口、商场和写字楼反而很少见到相关的宣传,宣传的覆盖范围有限,宣传力度需要进一步增强。

二、网络犯罪治理需解决的困境

目前,网络犯罪治理所面临的困境是多维度、多方面的,治理网络犯罪应依托全社会广泛参与。公安机关是打击网络犯罪的主要力量,面对网络犯罪手段的不断翻新与变化,公安机关显得有些力不从心,当前公安部门在工作中面临的困境主要包括下列几个方面。

（一）对于犯罪特点、行为类型化缺少深入研究

随着信息技术的突飞猛进,网络犯罪的行为特点不断发生变

异,主要表现在以下几个方面:①犯罪主体具有不确定性。网络犯罪发生在网络空间,网络的特征决定了犯罪主体是不确定的。②网络犯罪的成本低。犯罪成本是犯罪主体在作出犯罪决定、为犯罪做准备、在犯罪的过程中及犯罪承担后果所支付的代价与成本。③犯罪手段多元化。网络技术快速发展,为网络犯罪的实施提供了多种形式,犯罪行为也在逐渐变化,虚拟性、跨境化、隐蔽性等的趋势越发明显。④侵害的对象广泛。360平台发布的网络诈骗趋势显示,网络犯罪的对象覆盖了老、中、青三个年龄段。公安部门面对这种迅速演变升级且极具突发特点的犯罪方式缺少全面而系统的理论研究,实际工作中破获的案件数量较少,因此不管是打击对策、防控措施还是侦查能力上都存在很多不足,导致网络犯罪的打击与防范比较被动。

（二）侦查理念与侦查技术要及时更新

在"互联网+"大环境之下,网络犯罪逐渐取代了传统犯罪成为一种主要的犯罪活动,其犯罪方式经过演变之后不断升级,侦查工作必须从现实物理空间转向虚拟的网络空间。现阶段,网络犯罪逐渐简化成犯罪分子和公安机关之间关于网络技术、信息与数据技术的对抗。要想精准有效地打击网络犯罪,公安机关必须及时更新案件侦查当中采用的技术和理念,如果一直沿用传统的侦查方法,对于网络犯罪的治理就难以达到理想效果。另外,我国公安部门对于网络犯罪最新理论的研究以及侦查与办案的教育培训方面呈现出一定的滞后性,部分侦查员、指挥员的专业能力和理论水平已经不能适应网络侦查提出的新要求。

（三）网络犯罪治理要加强相应的法律支持

互联网进入人们生活的各个领域之后，网络中的违法及犯罪活动渐渐增多。网络犯罪介质具有特殊性，同时犯罪信息带有明显的时效性，再加上犯罪的环节涉及黑色产业或灰色产业，关于网络犯罪的立法、修改及完善是我国刑法从 1997 年颁布以来最活跃的部分之一。尽管相关立法工作在持续进行，但整体的立法工作相对于实际工作需求来说具有明显的滞后性，无法为具体的案件侦查提供指导和帮助，导致实践工作缺少对应的法律依据，直接影响了网络犯罪打击和防范的有效性。

（四）考评规则与绩效评估体系的建设应加强科学性

我国公安部设置的绩效评估指标与打击网络犯罪新机制的要求不对应，指标的设置不尽科学。受网络不断延伸的影响，实际空间当中的犯罪活动开始转移至虚拟的网络空间，甚至开始向云端蔓延。针对当下网络犯罪表现出的新特点、反映出的新情况，公安部门及时对相应的考核指标进行调整，根据犯罪活动的新情况和新形式制定科学的制度。在实践当中，虽然网络犯罪的类型已经产生了变化，但工作的考评指标却没有根据实际犯罪结构进行相应调整，导致犯罪活动打击的成效有限，甚至有些公安机关为了完成工作指标而对网络犯罪进行选择性打击。

（五）对于被害预防和宣传工作要重视

德国刑法学家贝恩德·许乃曼（Bernd Schünemann）提出，受预防论刑法观影响，实践中一味强调刑法具有的威慑功能，导致司法领域当中出现刑事可罚性扩大、立法领域中刑法出现功能赘余。但是，刑罚频率增加并没有使刑罚预防效率提升。换句话来说，频繁实施刑罚行为并没有使刑事法律的威慑作用增强，也没有提升被害预防的效率，反而削弱了刑事法在预防犯罪方面的效果。刑法规范是国民信仰的对象，应该在法律判决的实践当中不断强化自身的权威性与实际功能，并逐渐内化为公民的法律信仰，发挥一定的伦理作用。但是，刑法的滥用与过度膨胀逐渐消解了刑法具有的威慑力。司法机关与公安机关往往将打击犯罪作为重点任务，没有针对被害人的情况进行研究，没有认识到犯罪防控的重要意义。实际的防范宣传中，通常是以线上宣传的方式进行，缺少点对点的精准防范宣传，对于重点防范区域和重点防范人员的有效防范达不到预期效果。

第三节　我国网络犯罪的防范原则及对策

一、网络犯罪防范原则

（一）遵循互联网的本质属性原则

网络犯罪的出现具有必然性，互联网产生并高速发展，使网络犯罪具有了活动平台和技术支持。但是,要防范和治理网络犯罪,绝对不能因此遏制整个互联网行业的发展,相关的防范措施要紧跟网络技术的发展,绝对不能违反网络技术的本质,而是要基于互联网的智能性、扩展性与辐射性等属性,这是网络犯罪防范实践要遵循的基本原则之一。

（二）开展国际合作的原则

在全球化背景下,世界各国针对网络犯罪的治理和防范积极开展国际合作,通过国家之间的合作,对网络犯罪进行精准而全面的打击,以保证网络环境的安全。我国与多个国家就网络犯罪的有效治理进行了深入的合作与交流。由于网络犯罪呈现出了国际化的发展态势,国际合作也是日后打击网络犯罪实践中应遵循的一项原则。

二、我国防范网络犯罪的具体对策

（一）完善相关法律

通过完善与网络犯罪活动有关的法律法规来防范犯罪活动,是最权威、最直接的一项对策。

1. 现有罪名的解释与修饰

我国网络犯罪的罪名数量较少,且现有的罪名存在一些漏洞,必须对现有罪名作进一步解释才能解决法律中的复杂问题。例如,对"非法利用信息网络罪"的罪名作出调整:规定只要实施的活动属于违法犯罪行为,并建立通信组群或者发布信息,相应罪名即成立,不必明确提出具体的违法活动来凸显针对性。这样就避免了法律的"明确性"导致的一些问题,也能增强法条的逻辑性。关于"拒不履行网络安全管理义务罪"的解释需要更加明确,相关的表述应具有概括性。

2. 在法条中明确新的犯罪行为

我国现有网络犯罪罪名体系并不能包含全部的网络犯罪行为,必须将新的网络犯罪方式与行为纳入其中。比如,在《刑法》第 287 条当中增加一项"攻击信息系统罪",就能解决行为人攻击了信息系统却无"侵入"意图行为的入罪问题;新增"过失行为"的方式,我国的刑法的法条中当中有对"重大生产责任事故罪"等过失性行为的规定,但缺少对网络犯罪当中的相应过失行为的规制。法律中必须对于网络运营的关键节点、基础信息设施的相关工作岗位等的行为方式造成的过失行为进行规范,将相应过失纳入犯罪范畴。在司法认定中,"拒不履行网络安全管理义务罪"具体指的是不履行互联网安全管理的义务,责令采取措施但拒不执行。在"互联网+"时代,微信、支付宝等支付软件都涉及群体的财产安全,稍有疏忽就可能造成极为恶劣的社会影响。因此,对网络关键基础信息运营者或掌控网络管理工作的人员制定过失罪这一法律规制是非常有必要的。

3. 丰富定量规则

由于网络犯罪的定量规则上存在一些问题,建议在保留现有规则的基础上,继续丰富定量规则。随着网络犯罪的增加,必须增加新的定量规则。例如,网络中的"裸聊"行为,要将其入罪需要有相应标准作为依据。标准的确立可从以下几方面来着手:参与的人数、聊天时长、有无未成年人的参与等。针对在网络上传播谣言的行为,应根据浏览量、点击率和转发量来评判是否构成犯罪。要注意的是,定量规则还应对涉及的相应标准进行解释与说明。例如,点击率应按照实际的点击率来计算,不能只看网页中显示的点击率。因为浏览网页时存在重复点击的现象,一人多次点击和多人单次点击产生的危害是不同的,单人进行多次点击并不会使谣言造成太大的负面影响。在统计转发数量时,要明确转发媒体自身的性质,不同的媒体平台的影响力不同。微信的影响力小于微博,微信中的人际关系网络较单一,而微博是开放的、面向全社会的,其信息传播速度与传播影响力远远大于微信平台。微博转发还要考虑跟帖率和点击率。而在传播电子形式的淫秽信息案件中,还应将下载量当作一个重要定量标准。

4. 对网络犯罪专门立法

有学者提出要依据网络犯罪的新颖性与独特性,对于网络犯罪进行专门立法,或通过出台刑法附属法来明确其法律属性。基于防范网络犯罪的长远计划,必须构建网络犯罪的专门立法体系。由于在传统犯罪的基础上对网络犯罪进行进一步的解释或确立新的罪名都是暂时的应急办法,如果不能用专门的罪名来规制新型网络犯罪,罪刑法定原则就很难实现。因此,这一举措有利于防范各类网络犯罪。但网络犯罪单独立法等工作需要一个循序渐进的过程,并不是短时间内能够全面实现的。

(二)心理动机防范及心理疏导的对策

1.关于心理动机的防范

主体人在进行网络犯罪之前的具体心理动机是导致网络犯罪频繁发生的重要原因。因此,对于高发性的网络犯罪主体进行心理教育,能够有效降低网络犯罪发生的频率。

首先,要对青少年上网进行正确的教育和引导。青少年或者有犯罪史的人是开展心理教育活动的主要对象。青少年群体由于还没有形成是非意识,对于事物缺少辨别能力,极易被网络中的不良信息诱惑,从而走上违法犯罪的道路。因此,不论是学校、家庭还是社会,都要注重对青少年进行正确的心理引导和教育,使其形成正确的观念,养成文明上网的习惯,能够规范自身的网络行为。学校可定期举行网络安全教育的相关活动,进行文明上网的宣传,还可以定期对青少年进行心理教育,避免其走上网络犯罪的道路,及时扼杀青少年的网络犯罪念头,引导其形成健康的上网习惯,文明用网。

其次,要对有犯罪前科的人所在的区域开展网络犯罪的相关宣传工作。普及相关的法律法规,宣传健康的上网方式,或者通过社区建设心理咨询中心向相关人员提供免费的犯罪心理咨询服务,有效防范有犯罪记录者再次开展犯罪活动。

最后,还要增强弱势群体(比如残疾人、老年群体、儿童等)防范网络犯罪的意识,向他们普及新型犯罪采用的作案手法,从而提高他们防范犯罪的意识与能力,从而有效防范各种新型网络犯罪。

2. 心理疏导

可以在监狱、拘留所以及社区机构中设置网络犯罪心理矫正中心,对于因网络犯罪而被关押的人员进行教育与疏导,通过科学的方法进行心理测试与治疗,直至使其犯罪心理彻底消除。通过有效的心理疏导消除网络犯罪的心理动机,能够有效防范犯罪人员再次犯罪,增强社会的稳定性,从而减轻司法机关的工作负担。

(三)完善管理制度

1. 加强政府内部管理

"制网权"由国家掌控,信息安全关乎本国的网络安全与进一步发展。因此,政府在网络犯罪的防范当中必须承担相应的责任,履行指定的义务。政府必须强化内部的各项管理制度,避免因管理不严导致信息泄露。国家可针对网络犯罪的治理与打击设立专门的机构。

我国公安部门及司法部门可以联合起来,共同打造一支复合型的网络犯罪专业侦查队伍,队伍中的成员要熟悉侦查技术和信息技术,这样才能打破公安及司法在打击网络犯罪中面临的困境。

除了针对公安及司法的专业管理和整治采取对策之外,还要注重提升我国各级的执法人员对于新型网络技术的掌握与应用能力,通过模拟演练增强其应对突发网络犯罪的能力。

2. 加强行业的人事管理

日本研究学者西田修认为,要防范网络犯罪必须加强人事管理。网络犯罪中有相当一部分犯罪分子是从事与网络相关的工作且负责重要环节的行业内部人员。行业内部必须有明确的分工，人事管理要科学。同时，必须对这些高端的专业人才定期进行教育培训，还要组织考核与审查，对于处于关键岗位接触重要信息的工作人员要实施保密管理制度，入职与离职均要严格遵循管理制度。同时，在行业内部成立专门的网络安全管理队伍，对内部进行网络监管与稽核，以此防范行业内出现网络犯罪。比如，人力资源公司就掌握着诸多个人信息，这些信息一旦泄露，就会导致网络犯罪大量增加。加强各大行业的人事管理，对防范网络犯罪有着重要意义。各行各业要认识到保证网络信息安全必须要依靠全员的共同努力，参与防范各种网络犯罪活动是行业应尽的社会义务。一旦出现了网络安全事件，各个行业的管理者也应履行应尽的义务，采取有效措施避免危害结果进一步扩散和恶化，通过构建和实施网络信息安全报告的制度，保证网络安全事件能够及时被发现并得到有效处理。

（四）网络技术防范

网络不断发展，为控制网络犯罪采取必要的技术防范措施是十分有必要的。只有网络防范技术与网络犯罪的更新与发展达到平衡之后，才能够对网络犯罪实现有效控制。如果防范技术落后于犯罪活动的发展速度，跟不上网络时代的发展脚步，就会使网络犯罪失控。

技术防范当中的主要技术有 4 项：物理安全方面的防范技术、

基础性安全体系的安全防范技术、数据库与操作系统的安全防范技术以及网络应用的安全防范技术。

1. 物理安全防范技术

国家网络系统、企业网络系统以及个人的网络安全都首先要保证物理安全,保护网络的物理安全指的是立足于物理介质保护网络中传输及存储的信息的安全性,物质设施面临的风险主要包括网络设施与设备遭遇火灾、水灾、人为损坏以及常规损耗等。在信息安全防范当中,物理安全防范发挥基础性作用。各层次的用户都应树立起网络设备物理安全的防护意识,通过保证网络环境的物理安全来防止网络威胁与破坏。电子证据的采集对于网络犯罪案件的侦破来说是极为关键的,若由于网络的物理安全得不到保障而导致证据损坏或丢失,就会对案件的侦破造成不利影响,降低了案件的侦破率,让犯罪分子逍遥法外。虽然网络犯罪的立法已经相当完善,但由于证据不足会导致相应的立法目标无法实现。实现物理安全的规范化防护,保证各类网络设备的安全运行,是防止各类网络犯罪的一大有效手段。

2. 通过 PKI 技术进行安全防范

PKI 能够为所有的网络应用提供数字签字和数字加密等密码服务及所需的证书与密钥管理体系。随着我国电子商务的繁荣,PKI 技术具有的重要作用日渐凸显,应对 PKI 技术给予高度的重视,防止不法分子通过该体系的安全漏洞破解 PKI 技术。基础的 PKI 技术主要包括信息加密、数字签名、双重数字签名、数据完整性机制、数字信封等。目前,大多数的电子银行均应用了该项技术。加密技术随着科技的发展一直在不断升级,从最初的数字密码升级至签名密码再到当前的指纹密码。但这些进步远远不能满足实际的安全需要,网络犯罪高度专业化,需要更先进的加密技术才能有效防范犯罪活动。

3.加强数据库及操作系统的安全防范技术

网络在不断发展,操作系统及数据库已经全面普及,成为大众工作和生活中经常接触到的东西,但数据安全出现了各种问题。各种系统数据库中数据的安全性无法保障,现如今,不法分子也开始将目光瞄准先进的云计算系统。云系统采用了国际首创的HDRDP 与 HFP 技术,是在局域网架构之下实现云计算的计算机新型系统产品。云计算操作系统也称云 OS 或云计算中心操作系统,是云计算后台数据中心的整体管理运营系统,是指构架于服务器、存储、网络等基础硬件资源和单机操作系统、中间件、数据库等基础软件管理的海量的基础硬件、软资源之上的云平台综合管理系统。不法分子一旦突破了该系统,造成的危害是不堪设想。因此,加强操作系统和数据库安全防范技术也是当前的主要任务之一,若到危害行为、危害结果已经发生再采取行动,则为时已晚。

(五)网络道德防范对策

1.在网络领域引入社会道德规范

网络道德是网络作为虚拟社会良性发展的基础规范,现实社会中的道德对于人们在社会中的活动及行为具有规范作用。但很多人在网络社会会触碰道德底线,通过网络完成现实社会中无法进行的行为,从而破坏了网络社会的秩序。因此,必须将当前社会中的道德规范用于网络社会,以纠正网络社会中的不良风气,避免网络社会出现无底线的破坏行为。现有的社会道德同网络道德是相通的,应结合网络具有的特殊性打造良好的网络道德风尚,从而促进网络社会的健康发展。

2. 对网络社会的各类责任主体进行监督和引导

网络的用户是在网络社会中的各个责任主体,针对网络传播快、影响大等特点,各责任主体需要对自己在网络社会里的言行负责严格的责任,这就需要建立网络行为技术预警监督机制,对网络用户的行为进行规范,让网民形成一种自我约束的网络道德规范。同时,还需要对网络道德进行宣传,这就需要网络运营者针对网络道德进行广泛的宣传与监督。

执法部门可通过执法工作对网络道德进行广泛宣传。将执法与网络道德宣传相结合,促使网民形成正确的网络道德观念,有效避免各类网络侵害。同时在使用网络时严格遵守网络道德,不侵犯其他用户的权益。

个人用户需要通过学习来树立正确的网络道德观,依靠自律规范自身的上网行为。各类应用软件及媒体可通过自身的平台弘扬正确的网络道德观念,让用户对网络道德形成全面的认识,并在实践中践行。

第四节　网络犯罪全球治理面临的挑战 及应对措施

一、网络犯罪全球治理的国际语境

网络时代的兴起与网络空间的逐渐形成给政治、经济和文化的发展提供了全新的路径,为世界繁荣和社会进步创造了新的机遇,但它也引发了前所未遇的风险,这对已经形成的社会管理模式和法律制度提出了新的挑战。网络犯罪作为信息世界滋生的主要风险,其造成的危害是全方位的。随着网络技术普及进程的加快,可以预见未来世界各国所面临的网络安全威胁的风险也会随之加大,而构建有效、统一的惩治网络犯罪的国际合作机制则成为时代所需。

(一)网络犯罪跨国性是实行国际治理的直接原因

进入网络时代,各国的政治、经济结构的重心逐渐从物质资源转向信息化知识领域。从互联网诞生直到今天,仅仅几十年的时间,互联网空间就完成了跨越式的蜕变,从早期单一的数据、信息交互媒介逐渐发展成为以技术为支撑的一个全球性的公共资源体系。并且,这一网络技术和社会资源体系还呈现出了不断融合的发展趋势,使网络空间具有的社会价值迅速增加,网络空间的内涵与外延也在不断丰富。未来,现实社会空间和网络空间会同时发展,共同构筑二元社会的结构模式。

网络技术同社会发展之间的融合程度不断加深,因网络技术脆弱性引发的网络安全问题成为当前网络管理的关键内容。此外,基于网络技术的互联互通属性,网络空间已成为人类的公共活动领域,网络犯罪也因这种全球互联网络系统而具有全球性特征。国际社会逐渐意识到,网络空间的安全与世界各个国家及地区的安全与稳定密切相关,维护网络的安全关乎全球人类的共同利益,仅靠某一个国家的力量来应对网络犯罪是不现实的。面对复杂多变的网络犯罪活动,各国都难以做到独善其身,只有通过合作,构建全球网络犯罪的科学治理机制,才能对网络犯罪实现共同惩治与防范。因此,建立维护网络安全的协同机制成了全球共识。

(二)"网络主权"与"网络自由"之争是治理中的主要矛盾

全球网络空间的治理分为两大阵营,分别是以欧美为代表的西方资本主义国家和以中国、俄罗斯为代表的新兴经济体。两大阵营关于网络空间的对峙并没有进行结盟,而是由于双方在意识形态、文化观念以及法治传统方面存在的差异而自然形成的。两大阵营在理念上的分歧主要表现为关于网络主权与网络自由的争议。从表面上看,各国在网络空间中的权利是平等的。实际上,受经济发展状况及网络技术水平的影响,各国网络的发展水平和利用情况存在明显的差距。这导致不同国家在网络空间的利益分配及控制力上是非常不平衡的,而所谓的自由权并不是各个国家都能平等享有的。两大阵营的主要矛盾成为网络犯罪国际治理有效开展的阻碍。

（三）构建"网络命运共同体"是网络犯罪国际治理的必由之路

随着网络的全面普及,从网络犯罪出现至今,其产生的社会危害也越来越严重,从而引起全球的广泛关注。为了有效打击网络犯罪,各国采取了包括法律手段、科技手段、多部门联动等在内的多种类型的措施。但鉴于网络的全球联通特性,这种能够轻而易举跨越国境的犯罪类型确实为各国治理网络犯罪带来了极大挑战,为了对网络犯罪持续施压,并最终实现有效惩治,各国进行密切协作成为国际社会惩治网络犯罪的最佳选择。

随着全球化进程的不断深化,网络在全球各国以及社会各个领域发挥的作用越来越重要,由于网络技术呈现出灵活、自由、便捷、快速的特点,这些应用优势在促进全球发展的同时,也为网络新型犯罪提供了技术便利。网络技术快速发展,使构成网络犯罪的要素呈现出了进一步异化的态势,犯罪分子借助更为复杂的新型技术来实施犯罪活动。同时,多变的信息化空间的隐蔽性与跨国性更强,这导致全球面临的网络犯罪侵害更加广泛和深刻。

网络空间是互联互通的,各个国家在网络空间中密切相关、命运与共。面对网络犯罪、网络恐怖主义,任何一个国家都不可能独善其身,而这一全球性挑战所带来的重大责任,也不是仅靠单一国家能够独自承担的。

习近平总书记在 2015 年 12 月 16 日召开的第二届世界互联网大会上发表了主旨演讲,提出了全球共同构建"网络空间命运共同体"的倡议,还针对全球网络治理提出了四项基本原则以及打造互联网命运共同体的五大主张。① 大会上提出,各国政府是维护本国以及国际网络安全的主要力量,阴极阳极扮演好自身在网络犯罪惩治以及国际合作当中的角色。同时,网络空间是全球性的公共区域,其具有高度的开放性,涉及的利益相关者众多,网络犯罪具有高度的复杂性和前沿性,在网络犯罪的全球治理当中,各国政府、执法机关、司法机构、政府及非政府间的国际组织乃至民间组织及个人等,都要充分发挥自身的作用,各方形成合力。这样才能打造全面惩治网络犯罪活动的全球化新模式。

二、网络犯罪的全球治理所面临的困境

从网络技术在目前的发展速度及全球范围网络犯罪的发展形态与特征就可以预测出,网络犯罪在内涵与外延方面均会持续扩大,对网络犯罪实施有效的预防与惩治,是世界各国在现阶段亟待解决的一大现实问题。网络犯罪的发展越来越复杂,全球治理的机制呈现出逆全球化特征,再加上国际法规呈现出碎片化特征,这些都导致网络犯罪的治理困难重重。

---

① 《习近平关于网络强国论述摘编》,中央文献出版社 2021 年版,第 159 页。

（一）网络犯罪更为复杂

网络犯罪的辐射范围、所用的犯罪手段以及犯罪的主体均不同于传统的犯罪活动,它的辐射范围极为广泛,采用的犯罪手段也更新,犯罪主体的结构更加复杂,犯罪模式向着链条化、专业化和产业化的形式演变,其主要特征包括如下几点。

1.传统犯罪向网络化发展

在网络犯罪刚刚产生时,主要是针对计算机网络开展犯罪行为,主要出现在金融和电信领域,随着网络在整个社会的辐射范围越来越广,网络犯罪对于经济发展产生的影响也越来越大,传统犯罪与网络犯罪的界限逐渐模糊,传统犯罪逐渐向网络化发展,恐怖主义、色情犯罪等各类传统犯罪呈现出了显著的网络化趋势。

2.网络犯罪日益复杂多样

犯罪分子通过网络技术实现网络犯罪活动的手段不再局限于以往传统犯罪所用的手段,而是采用更为新颖的方式与技术手段达到犯罪的目的。新型网络技术迅速发展,给社会法律与伦理带来了冲击,导致新型犯罪不断衍生。另外,因各国在治理网络犯罪中的合作逐渐深化,各项犯罪防范技术逐渐强化,相关的立法也日益完善,网络犯罪分子为对抗治理和惩治,一直在升级犯罪的手段,活动越来越隐蔽,形式越来越复杂。

3.网络犯罪越来越专业化

在网络空间实施犯罪行为,打破了时空束缚,不同地域通过网络平台形成了产业化的专业网络犯罪团体。这种集团化的犯罪团伙有着明确的分工,从各类网络技术的更新和研发、用于规避法律惩处的专业化团队,到犯罪收益洗钱机构可谓一应俱全,以利益链为主线,形成了专业化的发展模式。在当今全球一体化的背景之下,这种以利益链条为中心的发展模式成为网络犯罪的主要发展趋势。

4.犯罪主体结构日渐复杂化

网络刚刚出现时,因为应用网络技术极具复杂性,需要经过专业学习才能熟练应用,需要有专业的知识与技能才能熟练地运用网络。因此,早期的网络犯罪主要是由掌握了专业网络技术的黑客入侵计算系统或者破坏网络系统而造成的侵犯网络安全的活动,各国刑法规制的犯罪主体多是自然人。随着网络操作越来越简便化、集成化,网络受众群体由之前的专业网络从业人员扩展至普通大众,而网络的使用主体也在从公用机构与企业发展为全体社会成员。

(二)网络犯罪的全球治理遭遇了治理机制的逆全球化趋势

自从网络犯罪出现之后,就引起了国际社会的关注,各类全球性的国际组织和区域性的组织都针对网络犯罪的相关问题开展了系统而深入的研究,并建立了多种专家工作组及对话机制,为有效打击网络犯罪提供技术及法律支持。但是,通过《网络犯罪综合研究报告》当中的数据可以看出,发达国家同发展中国家在惩治网络犯罪的能力方面有很大的差距。这与国家的经济水平、法制建设水平及网络技术等领域存在明显的差距是直接相关的。同时,欠发达国家在网络领域的人员和技术配置上仍然存在巨大的缺口,这些因素导致发达国家、发展中国家参与网络治理的积极性不同,在合作中的话语权也不同。大多数网络技术欠发达的国家关注的是网络资源公平分配的问题,而对于网络犯罪打击与治理的关注度不够。由于理念上存在差异,必然会导致网络犯罪的全球治理机制出现逆全球化的现象。

由于一定的区域范围内的国家在经济、文化及技术等方面的背景往往是相似的,在面临挑战及威胁时,其利益与目标往往也是相似的。因为这种区域性的特征,各类区域性的组织会首先选择建立区域性的治理模式,这与犯罪治理的全球化是相悖的,导致网络犯罪的全球治理很难有效开展。

（三）相关法律规则呈现出碎片化特征

为打破网络犯罪日渐严峻的困境,在现有的全球网络治理机制低效的背景下,区域性的国际组织与域内的国家开始对区域合作进行整合,以探索治理各类网络犯罪的有效方式,先后签署并出台了一系列的双边及多边的法律文件。其中,具有代表性的为:欧洲委员会的《网络犯罪公约》、非洲联盟的《网络安全法律框架公约草案》以及阿拉伯国家《打击信息技术犯罪问题公约》等区域性网络犯罪的惩治公约及协定。这些公约在治理网络犯罪的过程中起到了一定的促进作用,但由于网络犯罪具有全球性特征,区域协定关注的只是本区域的网络犯罪,不同的协定之间无法实现衔接与协调,不具有全球适用性。这类区域治理的法律规则呈现出碎片化特征,给全球治理网络犯罪的国际合作带来了障碍。

三、网络犯罪全球治理的具体实现路径

信息化时代,互联网技术与国家的整体安全、经济的发展以及社会个体的利益密切相关,由于互联网是互联互通的,各国仅靠自身的力量很难有效应对网络犯罪。各国应强化"网络空间命运共同体"的意识,积极促进网络犯罪全球治理规则的制定,在网络犯罪全球治理中重视发挥联合国的基础性作用。在合作打击网络犯罪时,充分尊重"网络主权"的基本理念,逐步通过区域治理促进全球治理。

(一)充分发挥联合国在网络犯罪全球治理中的基础性作用

网络空间中的参与主体为数众多,除了主权国家和国际组织等的公权力主体之外,还包括网络服务的提供者、私营企业及网络用户等各类利益攸关方。在开放的网络空间中,网络犯罪涉及的面往往非常广,牵涉的利益关系也比较复杂。因此,要协调好各方的关系,使其发挥自身的力量,只有多方形成合力之后,才能构建有效的网络犯罪全球治理新格局。

联合国是全球最大的政府间政治性国际组织,成员国众多,且拥有相对完善、成熟的制度,是协商确定网络犯罪全球性惩治公约的一大理想机构,各个成员国可利用这一平台实现预防和惩治网络犯罪、保护本国经济两大目标。多边主义的全球治理观认为,为

应对全球公共危机,首先要建立一个广泛协作、多方参与的对话平台,利用这个平台积极组织国际组织、主权国家等形成密切合作的网络体系。联合国的宗旨是为维护国际安全与和平,加强各国间的友好关系,以实现国际友好合作,消除管控分歧,协调各方展开行动。依据国际法的基本原则,在国际社会中各个主权国家是平等的,不存在超越国家主权的超级政府。为防止由于无超级政府而导致国际社会出现无秩序状态,就要强调联合国在全球网络治理中的核心作用,这样能够有效消除国家间存在的分歧,促成各国友好合作。联合国在全球性治理当中具有统筹与协调职能,是最佳平台,应发挥网络管理的核心作用。

以联合国为核心构建网络犯罪的治理体系,对现有的管理机制进行有效整合,提升网络犯罪的治理效率,加强国际合作,促使各国积极参与,并强化国家间的互信。

（二）坚持以"网络主权"为指导

"国家主权"观念是在国际政治中近代国际关系不断发展的产物,这一概念从诞生开始其内涵与外延就一直在不断变化与发展,从领土、领海和领空逐渐扩展到网络空间,随着各类新生事物不断涌现,"国家主权"的概念也在不断充实与完善。"网络主权"与"国家主权"在本质上具有一致性,是国家主权在网络领域的延伸,是随着人类活动范围的拓展而对国家主权这个概念的进一步发展。与传统的"主权疆域"相比,网络空间不具有具体的物理形态,是无形的,因此"网络主权"也有自身的特殊性。"网络主权"

是网络时代国家主权的一种体现,这是各国对网络空间进行有效管理的理论依据,各国应在网络空间承担相应的责任,加强对网络空间的监督和治理。网络技术对全世界的影响力剧增,各国代表的利益不同,西方发达国家想凭借技术优势垄断网络空间治理当中的话语权,这是对其他国家的不当干预。因此,我国基于国家主权构成要素与网络发展呈现的规律,提出的"网络主权"概念,是与各国的共同利益相符的。

"网络主权"为各国平等地参与网络规则制定、实现国际网络事务共商共建以及对网络犯罪进行全球治理打下了理论基础,为在网络空间开展更全面的国际合作扫清了制度障碍,符合全球各国的共同利益。

(三)实现从区域治理向全球治理有序发展是网络犯罪全球治理的方向

要使网络犯罪的全球治理效能达到最大化,必须形成一个代表所有国家利益的治理机制,要求平台保障、规则制定均具有全球性的特质。网络犯罪不仅会对各国的国家安全、经济运行及社会个体的权益带来严重的影响,还对网络空间的有序、健康发展造成巨大冲击。尽管如此,国际上目前仍然没有制定全球性的统一体系来应对网络犯罪,现有的区域性法律也是碎片化的,如果全球没有统一的解决方案,网络犯罪会严重冲击世界经济的发展及国际社会的稳定。因此,针对网络犯罪加强国际合作的相关问题已经得到了各国的重视,以全球命运共同体合作共赢理念为指导,推行全球治理模式,是实现网络犯罪预防与惩治,保护本国政治、经济有序发展的有效途径。坚持将"网络主权"当作全球网络治理实践的指导理念,主张促进区域治理逐步向全球治理有序发展,是有效应对全球网络犯罪的科学途径。

第九章 建立虚实结合、协同治理的
网络综合治理体系

第一节 虚实结合、协同治理模式

网络综合治理是一项复杂的系统工程,有效治理网络社会的关键是实现网民自律,再加上虚拟与现实的有效结合。"虚拟"与"现实"是相对的,其存在是超越现实实在性的,是一种通过理性建构而成的,但又不同于现实社会中能够客观感知的符号的一种存在。"现实"是一种客观存在,且不以人的意志为转移,真实与虚拟是辩证统一、和谐共生的。"虚拟"和"现实"是人类在网络环境中的两种存在形态,网络社会作为现实社会的扩展与延伸,二者是双向互动、交互连接、相互作用的,现实社会中发生的种种行为会迅速在网络社会传播,这就要求我们探索和创新适应网络治理的新模式。

一、虚实结合实现管理模式创新

要进一步强化对由于网络社会的治理,首先需要对管理模式进行创新,实现虚实结合是一种有效的创新方式。虚实结合的管理模式是一种现实化的管理模式,由以往的单一线上管理逐步向线上与线下统筹管理转变。尽管网络社会是以网络为依托的,但网络中的事件是由现实社会当中的人来主导的,网络社会中的种种矛盾和传播的各种负面情绪都来自现实社会,通过网络传播可能会一步步演变为网络暴力事件。总体而言,网络社会是反映真实社会生活的一面镜子,也是对现实社会生活的一种延伸。因此,要实现网络空间治理能力的提升,必须将网络社会与现实社会视作一个有机整体。

二、以协同治理构建网络治理新格局

协同治理是在解决社会中各类复杂、系统性的公共危机的过程中而形成的一种治理模式。在现代公共管理领域,"协同"是一个新兴词汇,而早在我国古代也有与其意思相近的说法,例如,"协和万邦""激愤建策,内外协同"等。从多中心协同治理的理论来看,网络的协同治理需要以法治社会的治理理念为指引,以政府为主体,积极引导社会组织和广大网民积极参与,协调多方力量实现共同治理,充分保障网民的合法权益,保证网络社会的秩序,并使其实现和谐发展。

第二节　虚实结合、协同治理的优势

一、解决治理主体单一的问题

由于网络具有高度自治性,单靠政府的力量很难渗透到网络社会的各个层面,所以治理的难度系数比较高,为了有效解决这一难题,必须构建多主体协同管理的治理模式。由于社会力量的壮大和公民意识的觉醒,社会各界都愿意在网络治理中积极发挥作用。党的十八大以来,我国逐渐形成了政府、企业、社会组织和网民公众等多主体参与的网络治理模式,使政府和其他治理主体尤其是网络社会的虚拟主体间能够相互作用,产生协同效应,打破原有的"政府独大"的局面,解决了网络治理主体单一化的问题,从而达到良好的治理效果。

二、避免治理方法的片面性

我国现实社会相对于虚拟社会来说较为稳定,易于管理。网络社会是由每一个具有独立意识的网民组成的,由无序的组织和无底线的话语权自由地形成网络"新秩序"。由于缺乏管理,网络暴力频繁发生。目前,我国对于网络暴力的管理方式仍然侧重于硬控制。然而,对于网络暴力治理的方法不能仅仅依赖政府的行政管理手段,还要协调多方主体,采取诸如鼓励行业自治、网民自律、法制建设等多种方式综合治理,以期达到高效、科学治理网络暴力的效果。

网络暴力治理旨在维护社会安全和社会秩序。政府治理网络暴力以"虚实结合"为基础,开展线上、线下同步治理的工作,做到主动而为,规范而为,以"协同治理"为手段,建立以党委领导,政府主导,整合社会资源,协同社会组织,带动社会各界的力量共同治理,构建网络暴力治理的综合体系,维护社会和谐稳定。

第三节　虚实结合、协同治理的实践路径

网络治理主体不仅包括政府,还应包括其他各类参与主体,需要多方协调,才能实现高效的网络治理。因此,我国针对网络治理提出了中国特色网络治理模式,即由党委领导,政府部门进行管理,企业履行职责,社会大众进行监督,广大网民严格自律,实现多主体共同参与,综合运用经济手段、技术手段与法律手段对网络进行全方位治理。从国外的经验来看,网络治理必须遵循治理主体多元化的基本原则。要实现网络的有效治理,首先要保证治理主体的多元化。同时,"善治理论"和"多中心协同的治理理论"均强调在社会公共事务的处理当中最有效的方式是由政府主导,同时

协调社会各方力量共同参与,形成相互配合、职责分明、科学合理的综合治理模式,全方位、多层次对网络社会实现共同管理,建立网络综合治理的机制。另外,从现实路径来说,可以采用各种技术手段使网络社会和现实社会的管理事项衔接,打造协同治理的综合网络。

一、积极发挥各级党委领导职能

在构建网络综合治理体系的过程中,各级党委必须发挥领导核心的作用,从宏观上把握网络治理的方向,将各类治理主体联系起来,实现有效协同。

(一)治理现实社会的举措

1.引导社会公众树立正确的价值观

网络社会是复杂多变的,各种不良思潮和价值观在网络中传播,这些不良的信息会给人们带来负面影响。网络空间是人人共享的一个精神家园,如果网络空间环境良好,用户的网络幸福指数就高。因此,各级党委要积极推动网络环境的建设与治理。在治理网络生态环境过程中,必须将社会主义核心价值观贯穿于网络治理的全过程,通过主流媒体引领社会舆论导向,鼓励弘扬正能量的网络内容创新,倡导通过网络宣传社会主义核心价值观,使社会主义核心价值观深入人心,为网络综合治理提供思想保障。

2.发挥党员队伍的示范作用

9500 多万名党员同样也是网民,党员群体一般具有较高的网络素养,他们来自各行各业,能在网络治理中发挥舆论引导的作用。因此,党员要通过学习不断提升自身的综合素质,结合自身的岗位,在网络综合治理中积极发挥模范作用。

（二）网络综合治理的举措

各级党委要通过各种网络渠道,及时了解民意,以免因社会问题在网络中进一步发酵和激化。群众在网络中的评论和转发会影响网络舆论的发展方向。因此,政府在网络治理中应贯彻全心全意为人民服务的宗旨,始终将群众的利益放在首位,根据群众反映的情况,弄清网络环境中出现问题的根本原因。立足于群众路线打造网络治理的科学路径,通过网络搭建"听取民声"的平台,及时了解民意,进而有效调动群众参与网络治理的积极性,共同维护良好的网络秩序。

二、发挥政府主导作用

由于互联网迅速发展,各类网络问题从电脑端逐渐转移到了移动端,并以迅速向外扩展,这种趋势更加突出了政府在网络治理中的重要作用。在网络治理中突出政府的主导地位,需要遵循法治理念,把网络综合治理法治化作为法治政府建设的重要方面。

（一）现实社会中的举措

1.打造良好的互联网环境

网络环境的优劣是一国文化软实力乃至国民素养的综合反映。首先,政府要制定渐进性、持续性的网络化发展战略,促进网络基础设施建设,推动网络服务水平进一步提升,加快信息化建设的进程,为网络治理提供可靠的平台。其次,政府应加大网络治理的相关投入,引导企业积极参与网络治理,鼓励相应的单位大力培养网络治理方面的人才,并通过政策支持,使其成为维护网络空间良好环境的重要力量。再次,还要注重提升网络用户的综合素质,培养他们养成守法的意识,从而实现理性上网。最后,还要平衡不同网络媒体之间的利益,引导媒体积极传播社会正能量,杜绝传播不实报道和虚假消息,以保证网络社会的秩序。另外,政府还要从文化治理的角度出发,通过网络弘扬传统文化,通过开发网络平台来弘扬社会主义核心价值观和我国的优秀传统文化,建设一批符合大众文化需求的网站,满足大众的文化需求。

2.构建完善的信息监管体系

通过开发与建设网络安全系统,来保证广大网络用户个人信息的安全性。一旦系统检测到网络中出现不良信息或者影响国家、社会及个人信息安全的行为,系统会经过识别之后及时通过终端发出预警信息,并提醒网络监管部门及时发出处理建议。负责网络信息核查处置的部门收到系统的报警信息后,会以最快的速度清除网络当中的不良信息,或采取行动制止各类危险行为,有效维护网络稳定、安全运行。

3. 为网络治理提供可靠的技术支持

目前,我国政府尚未针对网络技术的研发工作设置统一的领导模式,政府要在信息技术的改革发展中积极作为。首先,应加大投入,针对网络治理加强相关技术人才的培养,培养集智能技术研发、信息安全防护、数据过滤及处理等技术于一身的专业化人才队伍。其次,还要将舆情监测相关技术的研发作为重点,及时取缔非法网站、清理网络当中的不良信息,为广大民众提供高质量的网络服务。最后,要强化网络空间控制技术的研发,提升网络管理的能力和水平,拓展管理范围,通过先进的技术为网络空间的治理与监管提供强有力的支持。

4. 完善网络治理的法律法规

党的十八大以前,我国网络立法仅有电子签名法一部专门的网络法律,全国人大常委会两个"决定",以及若干行政法规、部门规章,远不能满足党的十八大以来网络经济、网络社会发展的需要,因此亟须加快相关立法,为网络法治建设奠定基础。党的十八届四中全会为网络立法按下了加速键,目前我国已经初步形成了网络法律体系。该法律体系由国家法律、行政法规、部门规章、地方性法规等构成,其基本结构由以下四个方面组成。

（1）信息基础设施层面的法律规范

从网络技术架构的角度来看,可以将互联网分解为最底层的物理层、中间层的逻辑层或代码层以及顶层的内容层。就"最底层的物理层"的法律规范而言,世界各国的立法价值取向均着重于保护互联网物理层的安全,从而形成保护网络信息基础设施的法律规范,其中最核心的就是关键信息基础设施保护规范。

我国于 2016 年通过的网络安全法是保护信息基础设施的基础性法律,其通过建立关键信息基础设施运行安全保护制度、规定网络安全等级保护等网络运营者的维护网络运行安全义务、建立网络安全监测预警和应急处置制度等方式,构建了保护网络信息基础设施的制度体系。网络安全法生效后,许多重要的配套措施陆续出台,共同构建了我国关于信息基础设施层面的法律规范。例如,国家互联网信息办公室等部门于 2020 年联合发布了《网络安全审查办法》;国务院于 2021 年 4 月 27 日颁布了《关键信息基础设施安全保护条例》;为了落实网络安全法中有关网络漏洞管理的要求,工业和信息化部、国家互联网信息办公室、公安部联合印发了《网络产品安全漏洞管理规定》等。

(2)网络内容层面的法律规范

党的十八大以来,我国围绕网络内容、网络数据开展了一系列立法。

一是关于数据和个人信息的立法。数据是互联网内容的基础要素,党的十九届四中全会决定明确将数据作为新的生产要素。因此,数据立法成为网络立法的重点领域。2021 年我国出台数据安全法,开启了数据治理的新征程,该法坚持安全与发展并重原则,既规定了数据安全制度,亦明确了国家保护个人、组织与数据有关的权益,鼓励数据依法合理有效利用,保障数据依法有序自由流动,促进以数据为关键要素的数字经济发展。在各类数据中,

"个人信息"具有特殊地位,泄露、滥用个人信息等不当行为已成为我国数字经济发展中一大顽疾,为此,我国出台专门的个人信息保护法,以更好地保护个人信息权益、规范个人信息处理活动以及促进个人信息合理利用。上述两法实施后,相关配套措施正在加紧制定中。2021年11月,国家互联网信息办公室发布了《网络数据安全管理条例(征求意见稿)》,拟对网络数据处理活动以及网络数据安全的监督管理制度进行细化规定,特别是对其中的个人信息保护、重要数据安全管理和跨境数据流动等实践中的重点问题进行体系化的规定。

二是关于网络内容生态治理的立法。关于网络信息内容的立法,我国经历了从"互联网信息服务"的立法到"网络内容生态治理"的转变过程。党的十八大以前,国务院于2000年颁布了《互联网信息服务管理办法》,成为我国网络内容管理的法律基础。该办法从"互联网信息服务"的角度对互联网上的信息内容进行管理,其基本管理思路是通过管理互联网信息服务提供者,实现对网络内容的管理。这种管理方式被学者批评为"管理观念和手段陈旧,缺乏多元治理结构支撑"。党的十八大以来,习近平总书记多次强调要加强互联网内容建设,建立网络综合治理体系,营造清朗的网络空间。我国网络内容的立法和监管思路逐渐改变,其成果集中体现在2019年国家互联网信息办公室出台的《网络信息内容生态治理规定》中。此规定强调综合治理,界定了网络信息内容生态治理的主要范围,明确了网络信息内容生产者、服务平台、服务使用者、网络行业组织和主管部门等各方义务和责任,实现了网络内容立法的创新。

（3）数字经济层面的法律规范

互联网能够深刻改变人们生产生活方式的主要原因在于技术创新以及信息技术革命促成了新产业新业态新模式，并逐渐形成了"数字经济"。围绕新的生产力和生产关系，我国初步构建了一套法律体系，为促进和规范数字经济提供了法律保障。

第一，制定电子商务法，为数字经济的典型领域制定综合性的法律规则。在丰富实践和较长时间立法准备的基础上，我国于2018年通过了电子商务法。电子商务法既注重促进电子商务的发展，也注重规范电子商务经营活动和保障消费者权益。2021年3月，市场监督管理总局出台《网络交易监督管理办法》，一方面对电子商务法的相关规定进行细化完善，制定了一系列规范交易行为、压实平台主体责任、保障消费者权益的具体制度规则；另一方面针对"社交电商""直播带货"等新业态新模式制定了监管规则，实现电子商务法律规范的进一步发展。

第二，对现行法律规范体系进行有针对性的局部完善，进一步规范数字经济各领域的活动。现行有关"经济"的法律规范，大部分均可以适用于数字经济领域。针对数字经济带来的新问题，特别是人民群众比较关注的热点问题，我国通过修改法律法规、制定新法规等方式作出回应，以促进数字经济的健康发展和资本的有序扩张。例如，通过修改广告法，要求利用互联网发布、发送广告不得影响用户正常使用网络，同时应当显著标明关闭标志，确保用户能一键关闭在互联网页面以弹出等形式发布的广告。通过修改

《食品安全实施条例》，要求网络食品交易第三方平台提供者妥善保存入网食品经营者的登记信息和交易信息。

第三，积极探索新技术的法律规制，形成由"硬法"和"软法"共同构成的技术规则。随着大数据、云计算、人工智能等信息技术的创新发展，我国亦开始探索技术治理的法治之道。当前，整体来看，我国关于新技术的"硬法"规则并不多，仍处于探索及局部逐渐完善阶段，而关于新技术的行业标准、团伙标准、行为指南等"软法"规则不断推出，形成一定的规模。例如，对于人工智能，我国法律法规的相关规定并不全面系统，更多的是针对局部、个别问题进行规定，如 2021 年出台的《智能网联汽车道路测试与示范应用管理规范（试行）》没有全面规定"自动驾驶"的规则，仅就道路测试与示范应用两类问题进行了规定；2022 年出台的《互联网信息服务算法推荐管理规定》对应用算法推荐技术进行了规制。而 2019 年 6 月国家新一代人工智能治理专业委员会发布的《新一代人工智能治理原则——发展负责任的人工智能》，系统提出了人工智能治理的框架和行动指南；2021 年 9 月，国家新一代人工智能治理专业委员会发布了《新一代人工智能伦理规范》，旨在将伦理道德融入人工智能全生命周期，为从事人工智能相关活动的自然人、法人和其他相关机构等提供伦理指引，其本质上也属于"软法"规则。

（4）数字政府层面的法律规范

2014 年，国务院办公厅印发了《关于促进电子政务协调发展的指导意见》，其中提出要完善法律法规和标准规范。2016 年 9

月,国务院出台了《政务信息资源共享管理暂行办法》,针对"信息共享"这一电子政务领域"老大难"问题提出了解决方案,明确了四项原则:以共享为原则、不共享为例外;需求导向、无偿使用;统一标准、统筹建设;建立机制、保障安全。整体来看,关于电子政务的立法仍处于起步阶段,目前没有形成体系化的规则。

与国家立法相比,地方立法在电子政务领域的探索显得更加体系化。早期的电子政务地方立法旨在推动电子政务网络建设,例如2003年广东省人民政府就出台了《广东省电子政务信息安全管理暂行办法》。党的十八大以来,电子政务地方立法在推进电子政务网络建设的同时,开始规定数据共享等规则。例如2015年出台的《福建省电子政务建设和应用管理办法》;浙江省人民政府于2017年出台了《浙江省公共数据和电子政务管理办法》;山东省人民政府于2019年出台了《山东省电子政务和政务数据管理办法》。

法律法规为网络空间治理提供有效参考和依据。在网络治理当中,必须不断完善相应的法律及法规,通过法律有效地约束网络用户在网络空间中的种种行为。要通过构建网络治理的法治体系来促进我国的法治建设。

5. 明确行业监管的责任

在我国提出全面依法治国之后,"严格执法"的行政方式迅速得到普及,但实现"严格执法"需要以"科学立法"为前提。目前,我国已制定相关法律来惩治网络运营商的违法行为,但在具体实践中,法律对于网络平台的具体约束规则有待加强,容易出现权责不明的情况,追责的难度很大。我国网络行业实行自我监管,但实际的监管效果并不理想,担负的监管职责没有得到全面落实,网络中的不良信息大部分是在未经证实的情况下发布的。所以,管理部门要采用法律手段,明确行业监管的具体职责,使处罚规则尽量细化,使行业在法律威慑之下严格实行自我监管。

(二)网络社会中的举措

1.参与虚拟互动

网络的发展,使传统媒体的受众逐渐转移到网络媒体。要实现网络中用户行为的规范性,政府网站与官方媒体均应承担相应的责任。随着网络技术的普及,互联网已经逐渐渗透到了社会政治、经济与文化等多个领域。政府必须明确互联网给社会治理带来的各种变化,引导社会大众通过网络渠道实现政治参与,通过搭建网络平台及时了解大众的诉求,为群众便捷地表达民生诉求提供有效渠道。通过网络平台的参与能够有效拓展民众参政议政的渠道。因此,政府应积极建设门户网站,官方媒体应注重使用新媒体工具与技术,这样能够有效缓和社会中的各种矛盾,有效降低网络环境中的各种矛盾的发生率。

2.完善网络监测机制

网络暴力频繁发生,主要原因是网络犯罪成本低,管理中的执法较难进行。部分用户在网络中随意发表言论,或者盲目跟风起哄,从信息浏览演变为主动传播信息,这种用户网络行为的不可控性不利于网络监管的实施。很多网络问题出现以后得不到及时解决,主要是因为对网络不良信息的监管速度远远跟不上网络信息的传播速度。鉴于此,政府必须建立健全网络运行监督与检测的相关机制。信息监管部门的主要工作目标是实现网络环境净化,主要工作内容是检定信息的合法性,确定其是否符合信息传播的要求。网络中的信息量巨大,监管部门应根据不同类型的信息选择相应的舆情控制与检测方式,及时了解舆情的发展情况以及网民的反应,引导舆情向着正确的方向发展,避免网络管理处于被动地位。

三、充分发挥社会组织在网络治理的作用

如果仅依靠政府进行网络治理,很难达到理想效果,为有效地应对网络问题,应该充分联合各类相关社会组织共同参与实现网络协同治理。从多中心的协同治理理论出发,政府可以在经过充分评估后,把部分网络管理权限下放,以此充分发挥各类相关社会组织的作用。

社会组织以公共利益作为最高追求,与政府的价值观念不谋而合,加上社会组织的非营利性和公益性能够覆盖到政府有关部门不能完全服务到的领域,这恰恰可以与政府的网络治理形成互补关系。社会组织由民间发起,有先天的优势,可及时发现网络中的问题并加迅速做出反应。社会组织的公益性与传统价值观念一致,可以对现实社会与网络社会中出现的不良现象做出理性处理。

除现实社会当中的各类社会组织参与网络治理之外,网络中

也存在社会组织,它为大众提供了一个广阔的交流平台。各类网络平台很容易出现不良信息,此时需要积极利用各种网络论坛,使其服务于网络治理,引导舆论朝着正确的方向发展,防止网络问题进一步扩散甚至发展至不可控状态。另外,网络平台管理者必须关注网民言论的动态,及时发现可能会破坏网络秩序的因素,并迅速采取有效的应对措施,防止问题进一步发展并转化为不可控状态。

四、加强网络平台的行业约束

(一)现实社会的行业约束

网络治理需要依靠媒体人的职业素养实现行业自律。媒体的盈利与流量相关,媒体在盈利的同时也必须遵守法律规范,将公众的利益置于首位。不能为了赚取流量,放任不良导向信息的传播。媒体平台之间要加强交流,制定行业规范,注重对网络信息发布的审核,确保向公众传递真实可靠的信息,传播正能量。

(二)网络社会中的行业自律

1.强化网络审核制度

我国现行的网络信息审核制度具有相对的滞后性。根据我国国情和网络发展情况,单方向的"上级抓下级,下级抓民众"的审核管理模式存在一些弊端,应该转变为"上级抓运营平台,平台抓内容"的"源头把控式"的审核管理模式。因为信息在网络中的传播过程复杂多变,只有管理好源头,才能对网络信息实现有效管理。另外,网络运营商应该根据网络的发展状况建立健全内容管理制度,专门设立内容管理部门,对发布的内容进行全面审查,符合要求的内容方可发布。

2.制定互联网分级标准

从目前我国监测网络威胁的实际情况来看,通常实现舆论引导是通过智能软件进行监测、跟踪与处理。但随着网络用户逐渐增加,加上用户的需求越来越多样化、个性化,越来越多的人通过手机上网。这种情况下,传统的关键词筛选和屏蔽信息的方法就出现了被动性和滞后性等弊端。鉴于此,我们可以借鉴其他国家在网络治理实践中的成功经验,从信息内容出发,实行网络分级制度,然后再结合信息过滤技术和动态监测技术,保证网络治理的有效性。

参 考 文 献

[1]《习近平谈治国理政》第一卷,外文出版社 2018 年版。

[2]《习近平谈治国理政》第四卷,外文出版社 2022 年版。

[3]《习近平关于网络强国论述摘编》,中央文献出版社 2021 年版。

[4]陈万怀:《当代网络流行文化解析》,中国社会科学出版社 2015 年版。

[5]吴伟光:《网络新媒体的法律规制——自由与限制》,知识产权出版社 2013 年版。

[6]吴超群:《网络公共危机治理》,经济科学出版社 2017 年版。

[7]沈洪波:《全球化与国家文化安全》,山东大学出版社 2009 年版。

[8]宋元林:《网络文化与人的发展》,人民出版社 2009 年版。

[9]许秀中:《网络与网络犯罪》,中信出版社 2003 年版。

[10]罗大华:《犯罪心理学》,中国政法大学出版社 2014年版。

[11]皮勇:《网络犯罪比较研究》,中国人民公安大学出版社 2005 年版。

[12]徐云峰、谢丽丽等:《网络犯罪心理学》,武汉大学出版社 2014 年版。

[13]邓国良、邓定远:《网络安全与网络犯罪》,法律出版社 2015 年版。

[14]于志刚、于冲:《网络犯罪的罪名体系与发展思路》,中国法制出版社 2013 年版。

[15]邵彦铭等:《网络犯罪识别与防控》,中国民主法制出版社 2019 年版。

[16]何明升等:《网络治理:中国经验和路径选择》,中国经济出版社 2017 年版。

[17]翟贤军、杨燕南、李大光:《网络空间安全战略问题研究》,人民出版社 2018 年版。

[18]李伟庆:《"互联网+"驱动我国制造业升级效率测度与路径优化研究》,人民出版社 2020 年版。

[19]杜丽燕、程倩春:《中外人文精神研究》第十三辑,人民出版社 2020 年版。

[20]赵红艳:《总体国家安全观与恐怖主义的遏制》,人民出版社 2018 年版。

[21]王世伟:《习近平的"网络观"述略》,《国家治理》2016 年

第 3 期。

［22］中国网络空间研究院:《中国互联网 20 年发展报告》,人民出版社 2017 年版。

［23］《国家网络安全知识百问》编写组:《国家网络安全知识百问》,人民出版社 2020 年版。

［24］李玮:《中国网络语言发展研究报告》,人民出版社 2020 年版。

［25］赵惜群:《中国网络内容建设调研报告》,人民出版社 2017 年版。

［26］余丽:《互联网国际政治学》,中国社会科学出版社 2017 年版。

［27］郭渐强:《网络内容建设的保障机制研究》,人民出版社 2017 年版。

［28］吴永辉:《网络恐怖主义的演变、发展与治理》,《重庆邮电大学学报》(社会科学版)2018 年第 2 期。

后　　记

　　本书通过网络技术、管理学、社会学、法学等多学科研究，为探索网络综合治理提供了新的理论研究路径，具有较强的学术价值和应用价值。一是为从事网络综合治理研究的学者提供理论参考；二是为各级政府网络综合治理提供决策参考；三是为从事网络综合治理的有关实务工作者提升治理能力提供智力支持；四是为广大网民提高网络素养的科普读物。作为一名网络治理领域的研究者，我希望开辟一个网络治理研究的新视角，为我国网络治理和网络强国建设尽微薄之力。

　　本书的成功出版得到了人民出版社、中共山东省委党校（山东行政学院）科研处和科学社会主义教研部有关领导和同仁的大力支持。同时，在本书成稿过程中，课题组成员做了大量问卷调查、设计论证和书稿的反复校对等艰苦细致的工作，经过近两年的努力，终成书稿，在此，对大家一并表示感谢！本书的出版得到了中共山东省委党校（山东行政学院）创新工程经费和山东省舆情基地配套经费的资助。

　　由于水平所限,书稿尚存在很多不足之处,对于研究中所存在的不足,敬请学界同仁多提宝贵建议,以帮助我在未来研究中加以弥补。

梁松柏

2022 年 9 月 15 日于泉城

责任编辑：赵圣涛

封面设计：胡欣欣

图书在版编目（CIP）数据

网络综合治理研究/梁松柏 著. —北京：人民出版社,2022.10

ISBN 978－7－01－025250－6

Ⅰ.①网… Ⅱ.①梁… Ⅲ.①互联网络-治理-研究-中国

  Ⅳ.①TP393.4

中国版本图书馆 CIP 数据核字（2022）第 210917 号

网络综合治理研究

WANGLUO ZONGHE ZHILI YANJIU

梁松柏 著

人民出版社 出版发行

（100706 北京市东城区隆福寺街 99 号）

北京汇林印务有限公司印刷   新华书店经销

2022 年 10 月第 1 版 2022 年 10 月北京第 1 次印刷

开本：710 毫米×1000 毫米 1/16 印张：16.25

字数：240 千字

ISBN 978－7－01－025250－6 定价：79.00 元

邮购地址 100706 北京市东城区隆福寺街 99 号

人民东方图书销售中心 电话（010）65250042 65289539